# 图解日本古建筑

[日] 妻木靖延　著
温　静　译

江苏凤凰科学技术出版社

**图书在版编目（CIP）数据**

图解日本古建筑 /（日）妻木靖延著 ；温静译．--
南京 ：江苏凤凰科学技术出版社，2018.6
ISBN 978-7-5537-9126-5

Ⅰ．①图… Ⅱ．①妻… ②温… Ⅲ．①古建筑－建筑艺术－日本－图解 Ⅳ．①TU-093.13

中国版本图书馆CIP数据核字(2018)第068982号

江苏省版权局著作权合同登记 图字：10-2017-053号
"KOKO GA MIDOKORO! KO-KENCHIKU"



**图解日本古建筑**

著　　者　[日] 妻木靖延
译　　者　温　静
项目策划　凤凰空间/陈舒婷
责任编辑　刘屹立　赵　研
特约编辑　陈舒婷

出版发行　江苏凤凰科学技术出版社
出版社地址　南京市湖南路1号A楼，邮编：210009
出版社网址　http://www.pspress.cn
总 经 销　天津凤凰空间文化传媒有限公司
总经销网址　http://www.ifengspace.cn
印　　刷　固安县京平诚乾印刷有限公司

开　　本　710 mm×1 000 mm　1 / 16
印　　张　9
字　　数　86 400
版　　次　2018年6月第1版
印　　次　2019年12月第2次印刷

标准书号　ISBN 978-7-5537-9126-5
定　　价　49.90元

图书如有印装质量问题，可随时向销售部调换（电话：022-87893668）。

# 前　言

自古以来就有许多人游历古代佛寺和神社，多数时候都出于宗教信仰的目的。近年来，越来越多的人因为对文物建筑感兴趣而来到古佛寺和神社参观。

然而，难得有机会亲眼见到这些有名的建筑，尽管人们不由得赞叹它们的雄伟壮观，但究竟这些建筑为何出众，哪里才是不容错过的看点，对于普通游客来说不经过一番学习是无法知晓的。有时，人们会求助于各种资料，例如佛寺和神社的导游册上会标明“××造”“××样”建筑，但究竟如何辨别这些样式，依然无从得知。导游或是负责接待的僧人也不会讲解许多关于建筑的知识。如果浏览古建筑爱好者的个人网页和博客，或是阅读专业书籍，连读音都不知道的各种专业词汇接连出现，令人应接不暇，甚至根本不清楚那些文字究竟在解说哪里。而大学教授的论文，大多以熟知日本建筑史基础知识为前提，普通读者难以涉足。

本书就是为了这样的读者而写的。我选取了对于日本传统建筑而言不得不提的几例重要的佛寺和神社建筑，将它们按照时代顺序排列，只针对其“看点”进行解说，帮助读者抓住日本建筑的要点，如此一来，今后再看到其他日本传统建筑时，读者就可以自己进行解读了。

本书选取的案例，一方面交通都较为便利，另一方面恰好体现了各个时代建筑样式的典型特征。理解这些案例的“看点”所需的相关知识，会及时地出现在对应的文中。专业名词也都注明了发音，读者大可放心朗读。

对于普通读者仅“大概知道”的日本建筑，本书如果能推进一些对其的了解，则幸甚。

妻木靖延

# 目　录

【神社 1　住吉造】

# 住吉大社本殿：

## 悬山屋顶的直线美

## 日本“住吉社”的总社

乘坐南海电车至住吉大社站，或是乘坐阪堺电车至住吉公园站，出站后向东行进，住吉大社巨大的石造鸟居便映入眼帘。

住吉大社从第一到第四的本宫中，依次供奉着四位海神：底筒男命、中筒男命、表筒男命和神功皇后。社内络绎不绝的参拜者和摆摊的小商贩们让这里终年人声鼎沸。

说到住吉大社，灯笼、鸟居、反桥是极出名的，而若要问其建筑的看点在哪里，就一定要请出这座被称为“住吉造”的本殿。平直的设计带来的美感，可与“神明造”的代表作伊势神宫相媲美。而不论是建筑的整体构成，还是千木[1]、坚鱼木[2]、悬鱼[3]等细部，住吉大社本殿中又藏着许多独特的精彩之处。

接下来就让我们游览这座既不同于“神明造”，又不同于出云大社所代表的“大社造”，同时还影响了全日本“住吉社”的本社建筑吧。

要点

# 从背面看住吉造更容易理解

跨过住吉大社的反桥，再穿过住吉鸟居，首先进入视野的是第三本宫。从面前起，第三本宫（供奉表筒男命）、第二本宫（供奉中筒男命）、第一本宫（供奉底筒男命）顺次排列，在平行于第三本宫的右侧还有一座第四本宫（供奉神功皇后）。从第一本宫到第四本宫，建筑的规模与形式都如出一辙，并且都面向西方（海的方向）矗立。

本宫建筑群中十分抢眼的，是拥有曲线唐破风[4]的币殿[5]（重要文化遗产）。然而彰显“住吉造”精神的并不是这座币殿，而是币殿后面经由渡殿[6]通向的本殿。那么，让我们转到背后来一睹这粉墙丹柱的精美本殿吧。

至迟在奈良时代，文献中已经出现住吉大社重建社殿实施迁宫的记载。另有资料显示，弘仁二年（812）神祇官曾下令“除本殿外，其他建筑每 20 年不再重建而只修缮损坏的部分”。在其后的平安时代，住吉大社一共只举行了 4 次迁宫。经过历代的数次重建，现存本宫是建造于文化七年（1810）的建筑。

住吉大社本殿采用悬山屋顶 ，在山面一侧设置入口。屋面铺桧树皮，屋脊安装千木和坚鱼木，屋顶完全没有起翘或曲线。墙面涂石灰，柱、梁、檩条、蜀柱[7]、叉手[8]、椽子则施以丹朱。屋檐下方有一圈黑色的矮墙，在其外围又有朱色的木墙，因此本殿是被两重墙垣围合起来的。

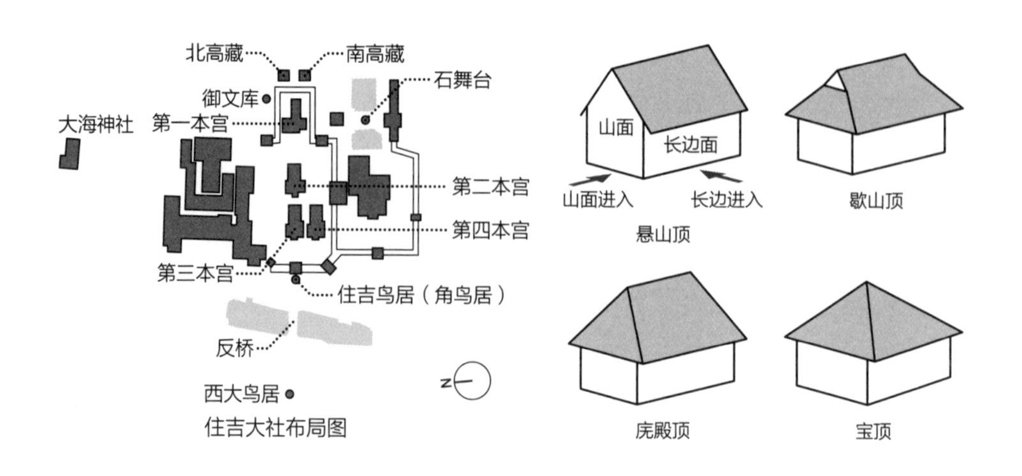


住吉大社布局图

## ●有唐破风的“币殿”并非住吉造

体现住吉造特征的是“本殿”，建议从背后观赏粉墙丹柱的“本殿”。

## ●直线型屋顶是“本殿”的特征

本殿采用由山面进入的悬山顶结构，因为入口在连接“币殿”和“本殿”的“渡殿”一侧，因此从背后是无法看到的。

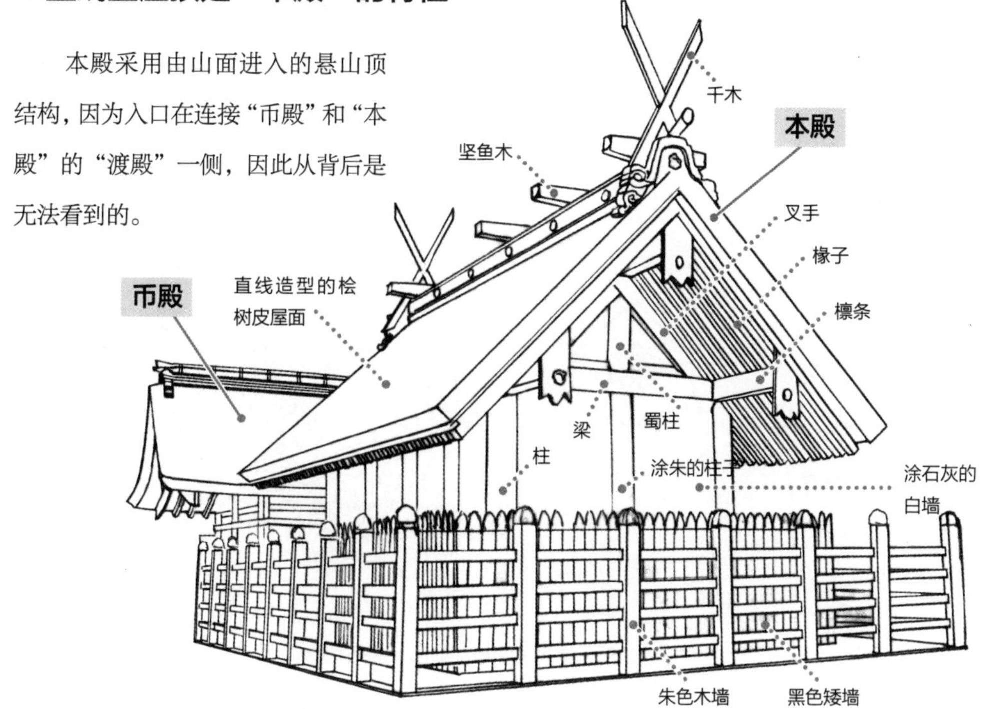

看点 1

# 强调直线美的屋顶

住吉大社本殿从外观看，为侧面四间、背面两间、正面一间。正面连接渡殿可以通往币殿。本殿正面门前有五级木台阶，周围不出“缘” 。

本殿柱身开槽，槽中镶嵌横向木板作为墙面，两侧柱头上安装檩条，和与之垂直的梁共同构成主体结构。柱头上并没有在寺院建筑中常见的“斗栱”，而是在梁上置叉手支撑脊檩，从脊檩到檐檩中间铺设单椽 。

住吉造的特征首先即体现在直线型屋顶上。破风板、椽子和檐口均为平直直线，与神明造十分相似。

本殿的千木角度陡峭，仅作为屋脊上的装置，不起结构作用 。千木末端的处理手法亦有所不同，第一到第三本宫都是垂直截面，第四本宫则是水平截面，据说是为了表现主神的男女之别，因为第一到第三本宫都供奉男神，仅第四宫供奉的神功皇后是女神。

本殿屋脊是用木板包裹的箱型屋脊，两端山面处安装鬼板[9]。在山面上，脊檩和檐檩对应的位置都垂有悬鱼，造型简洁，为古老的盾形。屋脊上还安装有五根方形截面的坚鱼木。现在，屋脊部分都被包上了铜皮。

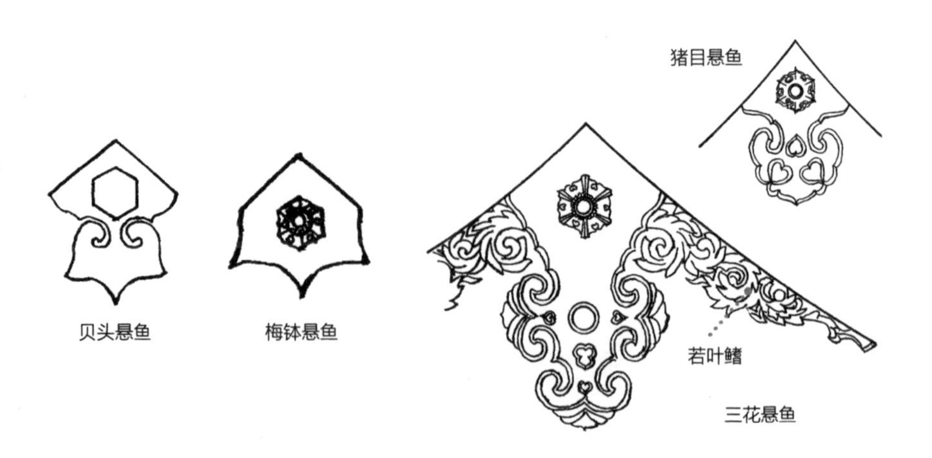


各式悬鱼：除了住吉大社的盾形之外，还有植物或动物形象的各种悬鱼形状。

## ●平直的破风板、椽子、檐口

无结构功能的装饰“千木”和盾形“悬鱼”也是住吉造的特征。

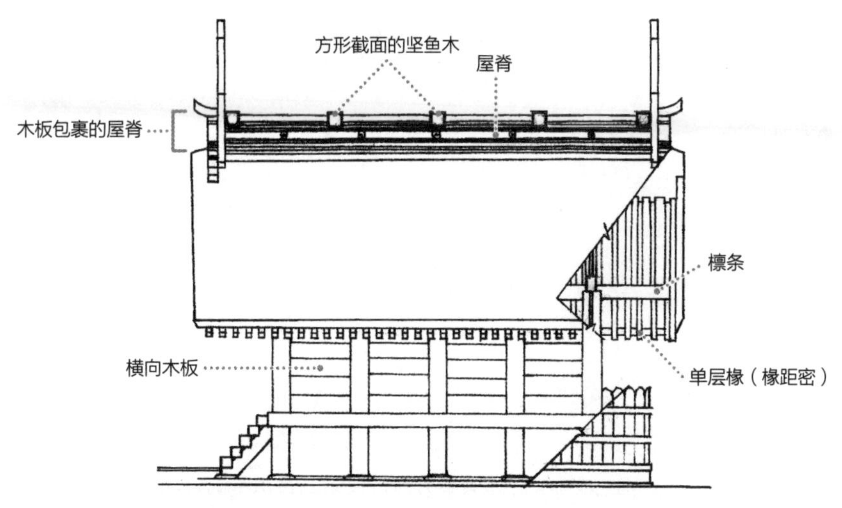


本殿侧立面图

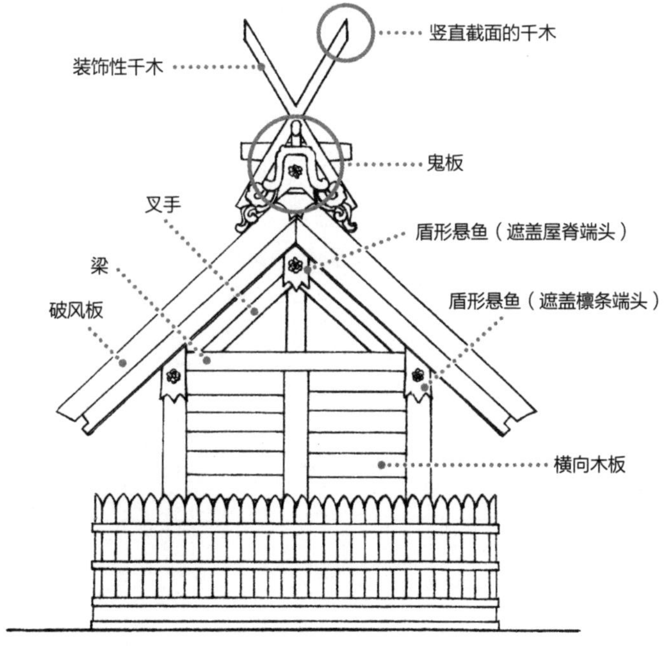


本殿背立面图

看点 2

# 住吉造与神明造、大社造的异同

住吉造作为古老的神社建筑样式，历史之悠久，仅次于伊势神宫代表的“神明造”和出云大社代表的“大社造”，三者之间有如下异同。

●与神明造、大社造的相同之处：

① 悬山屋顶；

② 柱子上方没有斗栱；

③ 屋脊上有千木和坚鱼木（尽管形式有所不同）。

●与神明造、大社造的不同之处：

① 神明造与住吉造的屋面为平直的直线，大社造的屋面翼角起翘；

② 神明造是从建筑的长边进入，大社造和住吉造则是从短边的山面进入；

③ 神明造为茅草屋面，大社造和住吉造为桧树皮屋面；

④ 神明造、大社造都有心柱，住吉造没有；

⑤ 神明造、大社造都有带勾栏的“缘”，住吉造没有；

⑥ 神明造有栋持柱[10]，大社造有宇豆柱[11]，都为直接支撑脊檩的柱子，住吉造则没有；

⑦神明造、大社造使用素木不施彩绘，住吉造的外部结构构件涂丹（硫化汞），木板墙则用石灰涂白；

⑧神明造栽柱入地，大社造和住吉造则建造在柱础上（推测是受到了佛教建筑的影响）。

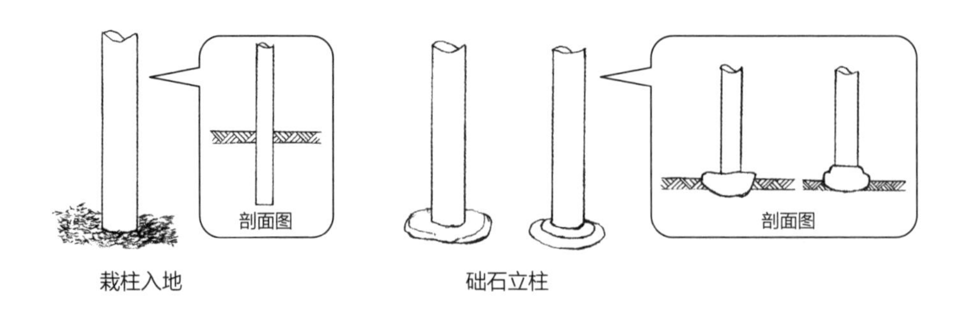

栽柱入地　　础石立柱

## ●长边入口、茅草屋面、使用素木的神明造

心柱、“栋持柱”、出“缘”、栽柱入地。

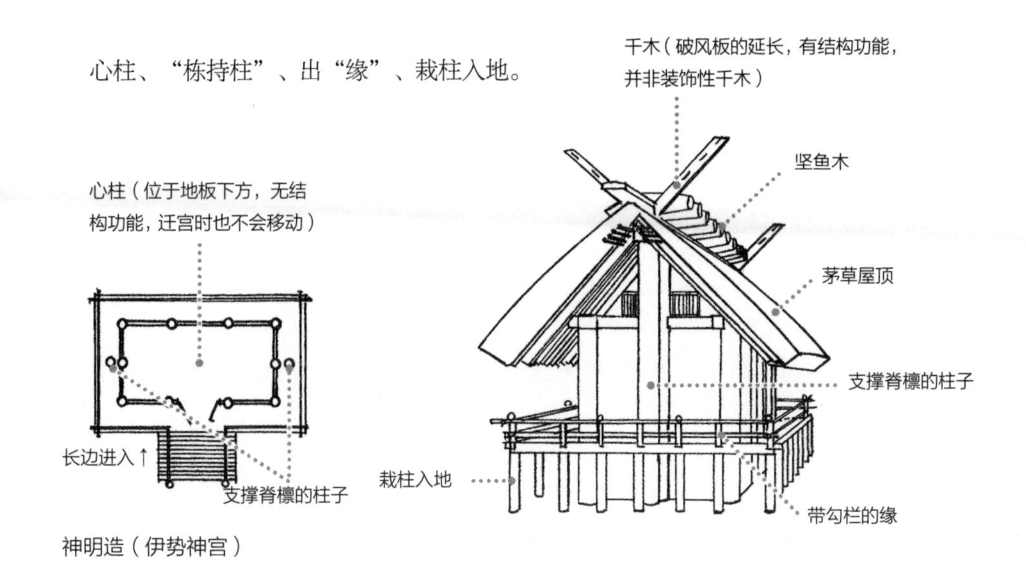


神明造（伊势神宫）

## ●山面入口、桧树皮屋面、使用素木的大社造

心柱、“宇豆柱”、出“缘”、建造在柱础上。

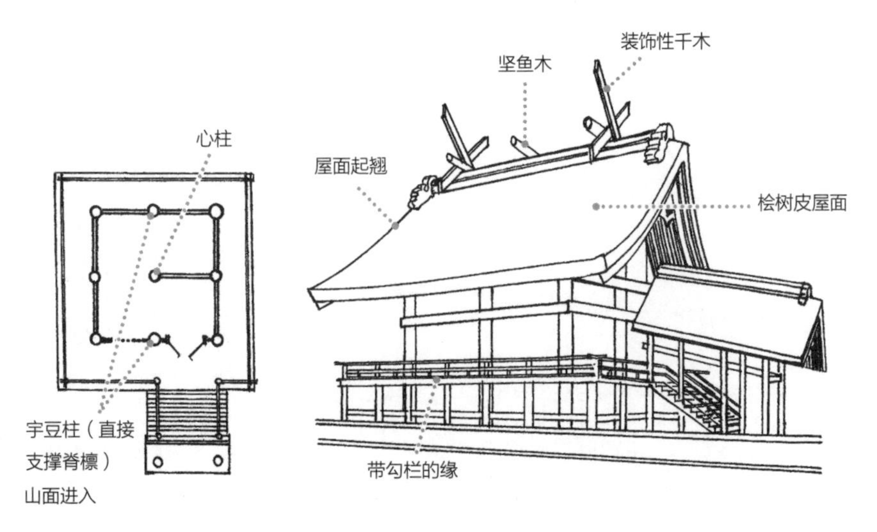


大社造（出云大社）

* 出云大社 1744 年建造的社殿（现存原物）才开始建造在柱础上。

看点 3

## 与大尝宫、寝殿造的相同之处

住吉大社的另一个特征是本殿内部可分为前室和后室。正面山墙上的板门被涂成朱色，前后室中央隔墙上的门则为素木，不施彩绘。据说后室的地板、墙壁和天花板都铺满白布，中央设高台寝帐，还放置有木制枕头等寝具。这些特征与天皇即位时用来举行仪式的大尝宫不无联系。

大尝宫是天皇即位前须在其中度过一夜与神交流的建筑。大尝宫的“悠纪殿”“主基殿”和住吉造非常相似。平安时代的文献《贞观仪式》中有关于大尝宫最早的记载，在 1985—1986 年实施的平城京考古调查中，确认了奈良时代前期的两处、奈良时代后期的三处，共计五处大尝宫的遗迹。这些遗迹的主殿也被分为前后两室，后室是与神明交会的私密场所。大尝宫正殿铺设草屋顶，以草席为墙，使用黑色木柱（带树皮的圆木），强调朴素的原始风格，是为了再现神话场景而建造的临时建筑，完成后只使用一夜，仪式结束后即刻拆除。

具有同样平面形式的建筑，还有奈良时代后期的桔夫人宅邸（也是法隆寺东院传法堂的前身），以及藤原丰成的板殿和平城京东院庭园的建筑等。这种平面形式被认为最终演化成拥有秘密场所涂笼[12]的寝殿造建筑。

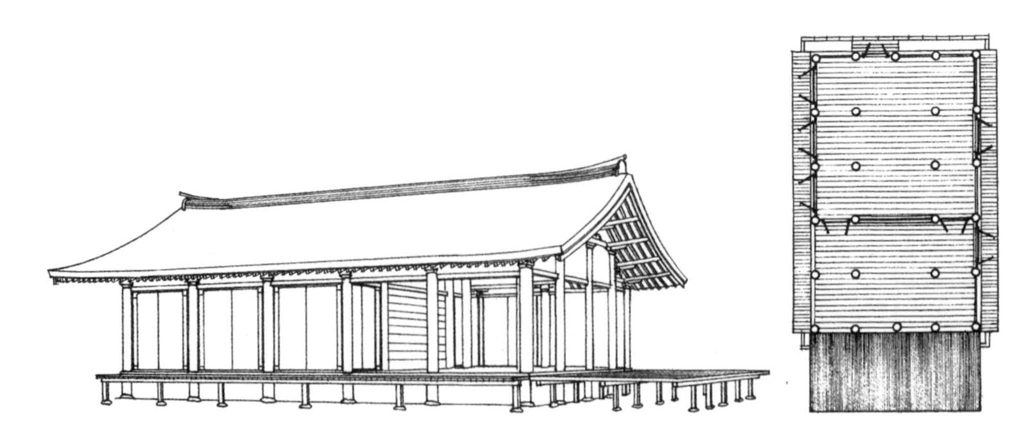

法隆寺东院传法堂前身建筑（关野克复原）

## ●与大尝宫有相似构成的住吉造

住吉大社本殿被分为前室和后室，与天皇即位时使用的大尝宫建筑存在关联。

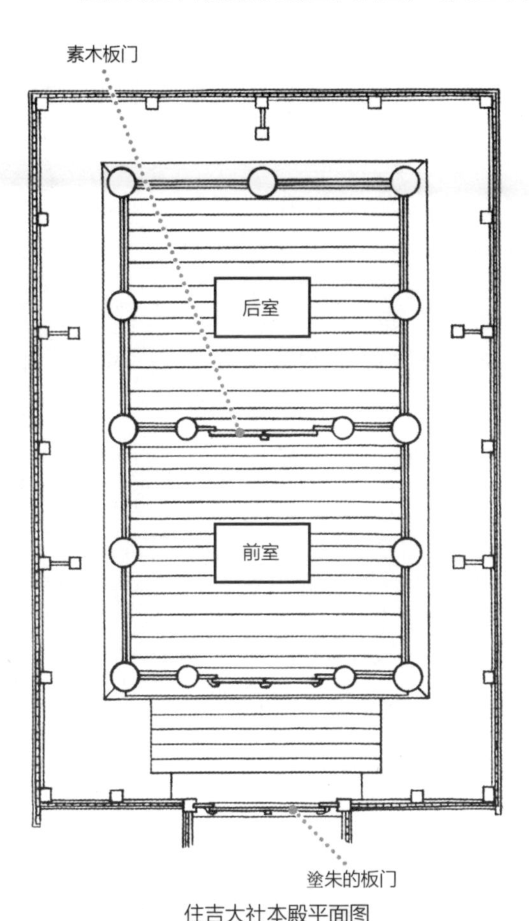


住吉大社本殿平面图

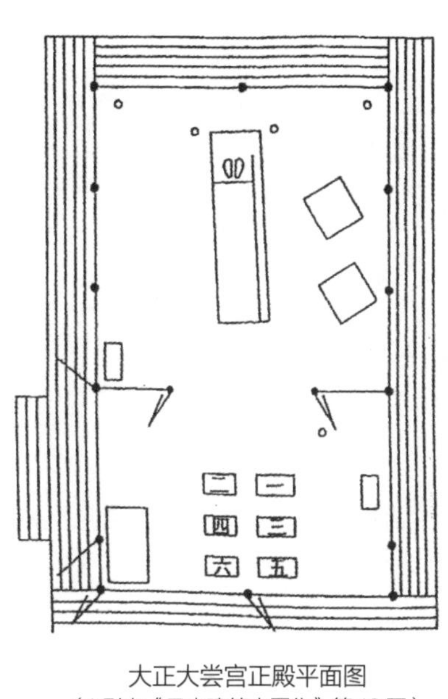


大正大尝宫正殿平面图
（* 引自《日本建筑史图集》第 19 页）

### 住吉大社域内的大海神社本殿也不容错过

住吉大社域内东北隅有一座“大海神社”，比现存的住吉大社本殿（1810）还要古老，建造于江户时代的宝永五年（1708）。大海神社币殿、渡殿、本殿的建筑形式均与住吉大社第一到第四本宫相同，规模也类似，被认定为重要文化遗产。参观住吉大社本殿的人群太过拥挤时，推荐来这里细细观赏“住吉造”。

## ◆神社的起源是米仓?

在日本绳文时代，人们主要以采集为生，进入弥生时代后才在河口附近建造竖穴式建筑定居下来并开始种植作物，以稻米为主食，一年一收。为了防止粮食遭受水淹、虫害、兽害、盗窃等损害，人们发明了高床式粮仓。

目前的考古工作只发现了栽柱入地的柱洞，上部结构已无迹可寻。然而，出土的铜铎、古镜上刻画有高床建筑的形象，1980 年大分县国东郡的安国寺遗址中还出土了大量栽入地下的木材，为我们了解高床建筑提供了参考。

本来日本的神明们并没有社殿，而是居于某处（例如高天原等），只有在必要的时候降临人间，事务结束便回到居所。作为降临处的标志，一般把山、巨岩、巨树、瀑布等作为依代[13]供神明依附，成为神圣的禁地。当标志是特殊的岩石时，这块岩石就被称作“磐座”，而这一神圣场所即称为“磐境”，人们会在此处种植神树，悬挂神镜，用石块或是注连绳[14]将这一区域围合起来。

然而，佛教传入日本之后，人们开始意识到佛陀分明拥有如此华美的寺院，日本的本土神却没有属于自己的建筑，因而产生了为本土神明也建造社殿的想法，而同时又需要与佛教建筑有所区别，因此选用了高床建筑的形式。上文提到的“磐座”，以及作为谥号的“高仓天皇”，天皇的座被称为“高御座”等现象，都体现出脱胎于高床式粮仓的神圣性。

古老神社建筑的特征，可以归纳为以下几点：

1. 屋顶为悬山顶（虽然现在悬山顶是最简单的屋顶形式，然而在古代却是最复杂的结构，因此才会被用于祭祀神明。歇山顶、庑殿顶被认为是由竖穴建筑技术演化而来）。

2. 屋顶使用除瓦之外的桧树皮、薄木板、茅草等植物性材料覆盖。

3. 墙壁不用外来建筑常用的土墙，而使用木板墙。

4. 一概不使用佛教建筑的斗栱、壁画、雕刻、彩绘等，仅施以简朴的装饰。

译者注

［1］千木：屋顶两端交叉的木构件，常见于日本神社建筑。

［2］坚鱼木：安装于屋顶上方，与屋脊正交的多根短横木、常见于日本神社建筑。

［3］悬鱼：建筑两侧山面由屋脊垂下的木板，常雕刻为鱼形。

［4］唐破风：日语中突出屋檐的附加檐被称为“破风”，曲线形状者为“唐破风”。

［5］币殿：日本神社中摆放供品的建筑，通常位于本殿和拜殿之间。

［6］渡殿：日本建筑专有名词，寝殿造中连接两座建筑的走廊。

［7］蜀柱：中国建筑专有名词，指安装在梁架上不落地的短柱。

［8］叉手：中国建筑专有名词，内部支撑脊檩、交叉呈人字形的一组构件。

［9］鬼板：安装在屋脊端头的装饰，通常为鬼面或兽面。

［10］栋持柱：直接支撑脊檩的柱子。

［11］宇豆柱：出云大社中支撑脊檩的巨大柱子的专有名称。

［12］涂笼：寝殿造中用厚实的土墙围合出的房间。

［13］依代：指神明附体的地方。

［14］注连绳：分隔人间与神界形成结界的粗绳。

【神社 2　春日造】

# 春日大社本殿：
## 从翼角起翘中窥见佛教建筑的影响

## 日本“春日神社”的本源

从 JR 奈良站或近铁奈良站前，沿着三条通向东行进，左侧会先后出现兴福寺、奈良国立博物馆，继续行走穿过一之鸟居、二之鸟居，就来到了三笠山麓的春日大社。

奈良时代，大和朝廷从明日香地区迁都平城京时，藤原氏一族建造了春日大社，作为氏族寺院兴福寺的镇守庙。春日大社的本殿正是日本全国各地“春日神社”都使用的建筑样式——“春日造”的典型。全日本被认定为重要文化遗产的神社建筑中，春日造建筑就占到了 20%，是普及率仅次于“流造”的神社建筑形式。

事实上，由于很难有机会近距离观察春日大社本殿，所以本书举出同样是典型春日造的摄社若宫神社进行介绍。接下来，就让我们一边留意春日大社与其他神社样式以及各地春日神社的不同，一边欣赏这组“春日造”建筑吧。

要点

# 山面入口正面出向拜的一间社春日造

在春日大社由回廊围合出的区域中，本殿位于这一区域的东北角，被又一圈御廊所环绕。从回廊南门进入，申请特别参拜后，拾级而上便来到“中门”前。门内就是春日大社的本殿，但从门外却无法看到。事实上，要想一睹春日造本殿的真面目，摄社的若宫神社倒是个好去处。

春日大社本殿由第一到第四殿自东向西一字排列组成，其中顺次供奉着武甕槌命（从鹿岛神社迁座至此）、经津主命（从香取神宫迁座至此）、天儿屋根命（藤原氏的远祖）、比売神（藤原氏的远祖）。

春日造的经典形式是，山面入口的一间社正面附加一个佛教建筑中常见的“向拜”，这一形式主要分布于近畿地区。

围绕春日大社本殿的式年造替[15]制度已经有许多研究，学界认为春日大社初创时的造替周期是 10 ~ 15 年，在镰仓、室町时代被延长至 20 年左右。式年造替中替换下来的旧建筑会被分散在各地的兴福寺领地，这也是春日造本殿在近畿地区的神社建筑中大量留存的原因之一。这些神社中最古老的是圆成寺（奈良市忍辱山町）的春日堂和白山堂（皆被认定为日本国宝），建于安贞年间（1227—1229）。春日大社现存的建筑是文久三年（1863）所建，其后的式年造替只对其进行了修缮。

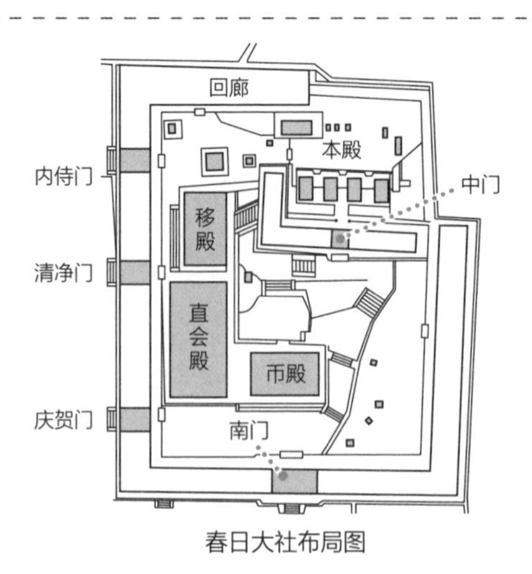


春日大社布局图

## ●紧凑的社殿和向拜

山面入口的一间社正面附加佛教建筑的向拜，即成为春日造。广泛分布于奈良和近畿地区。

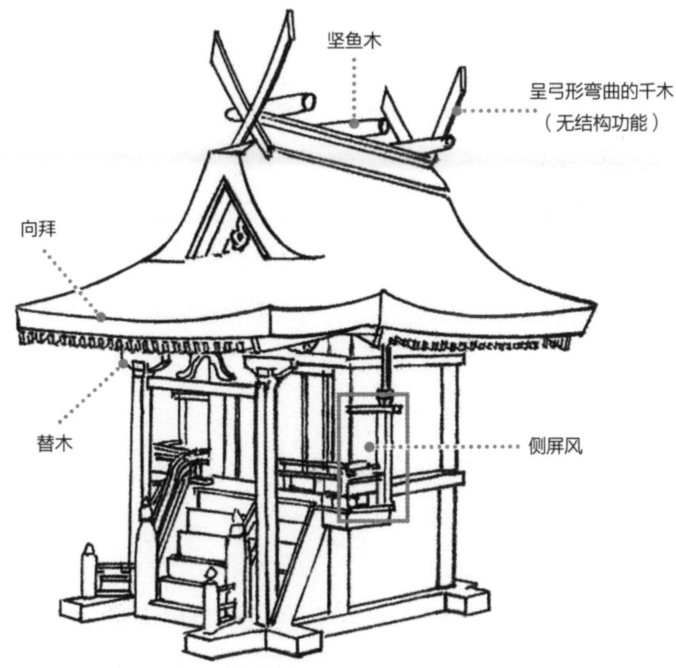


常见的春日造（与春日大社本殿有所不同）

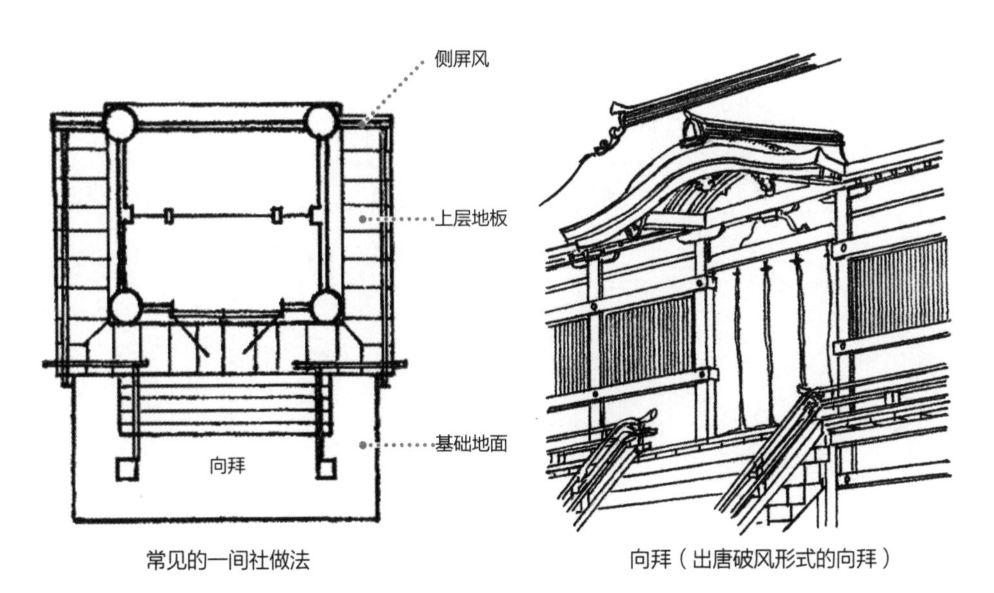


常见的一间社做法

向拜（出唐破风形式的向拜）

看点 1

# 翼角起翘的屋顶和向拜

春日大社最大的特征是，受佛教建筑影响有明显的翼角起翘，以及与本殿殿身相同宽度的向拜，此外，柱梁相接处使用被称为“舟肘木” 的斗栱，并施以彩绘，也很容易让人联想到是来自佛教建筑的影响。

留意屋顶部分即可发现，桧树皮铺装的悬山顶屋面延展至两侧时有明显的起翘。屋脊上方安装有细长如弓形的千木，相比神明造中具有结构作用的千木，装饰意味十分浓厚。屋脊上还架设两根涂布黑漆的坚鱼木，上方有高起的棱线。

再来看一下正面的向拜，春日大社之所以建造了住吉造、大社造、神明造都没有的向拜，是为了营造供人们参拜的场所，另一种神社建筑形式“流造”也是如此。除了作为信仰对象的神圣建筑，人的活动也逐渐被重视，这种倾向在佛寺中多有体现，而这一现象同时出现在春日造神社中，颇引人深思。

从细部看，殿身屋檐的椽子间距细密，因此被称为“繁垂木”；而向拜部分椽距更宽，称为“疏垂木”。另外，殿身部分使用圆柱，而向拜部分则使用方柱。这些差别都可以理解为神圣的殿身与供人参拜的向拜之间存在等级差异，因而在建筑细部上作出了区分。

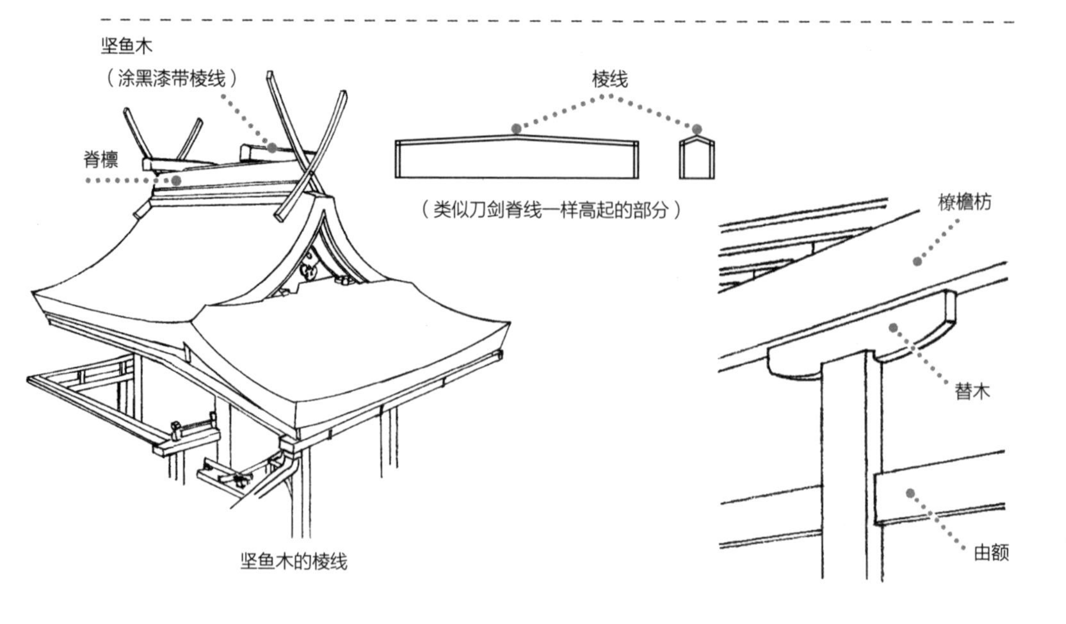

## ●屋顶、向拜、千木的起翘都反映出佛教建筑的影响

千木仅仅架设于屋面上，并无结构作用。

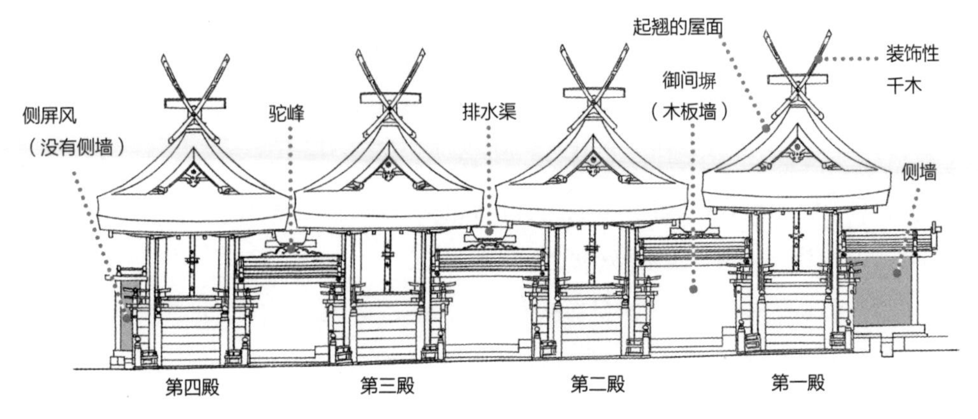


本殿立面图

## ●殿身和向拜的椽子不同

以造型表现神的空间和人的空间的等级差异。

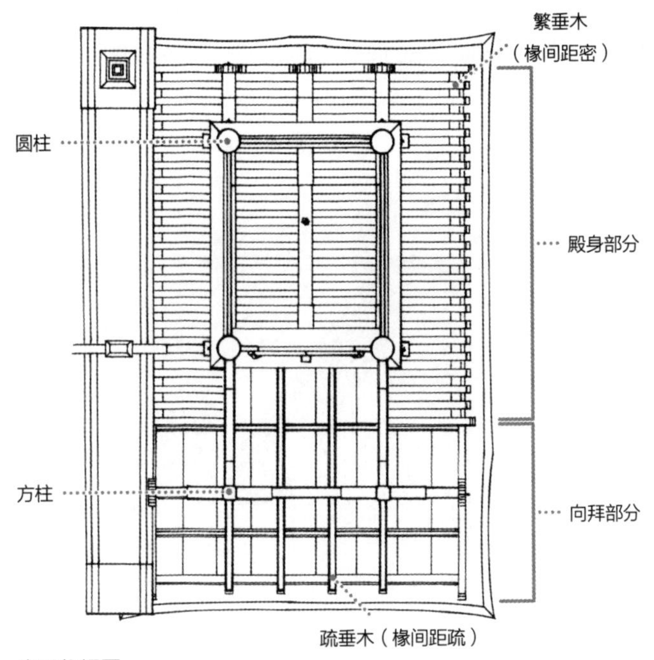


本殿仰视图

看点 2

## 使人联想到神轿的结构形式

若要举出春日造本殿的结构特征，则需要提到春日造不使用神明造的栽柱入地，而是在井干结构组成的框架基础上立柱搭建（这一点与流造相同）。在框架上立柱，然后在更高的位置安装木板作为“缘”，这种形式被叫做“见世棚造”。

这种做法，让人不禁发问“春日造的本殿能否像神轿一样抬起来呢？”事实上有的春日神社在迁宫时确实可以整体抬起搬迁。

春日造本殿的柱、梁等主体结构都被施以朱色，墙壁涂白色石灰，正面有素木制作的带勾栏的缘板。正面 6 级台阶（只有第一殿是 7 级）均为素木，台阶侧面的雁翅板[16]、侧板都涂以黑漆，再在其上用石灰勾画出剑巴纹。

四座本殿的正面由木板墙（御间塀）连接在一起，各殿之间设置驼峰[17]支撑屋顶间隙的排水渠，四座本殿正面的井干基础都相连在一起。

那么四座本殿的背面又是如何呢？从第一殿和第四殿伸出的透廊、菱垣[18]将本殿背面围合起来（东四间、西三间、北十间）。第一殿东侧设置了一段侧墙，而第四殿的西侧则以一块木制屏风取代了侧墙。

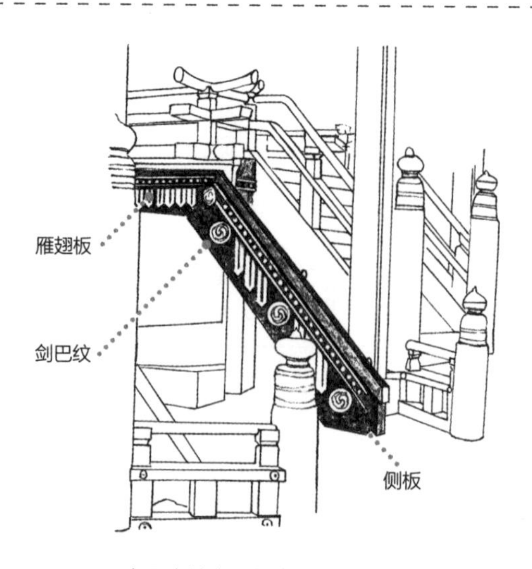


春日大社本殿的台阶侧板上的剑巴纹

## ●建造在井干框架上的“见世棚造”

人们猜测春日社的本殿可以像神轿一样被抬起来。

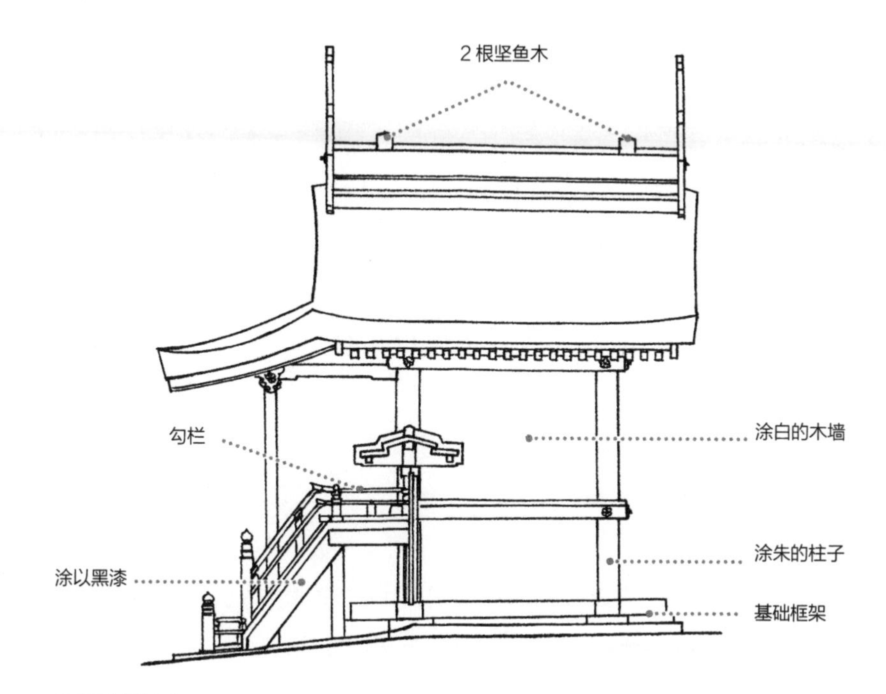


本殿侧立面图

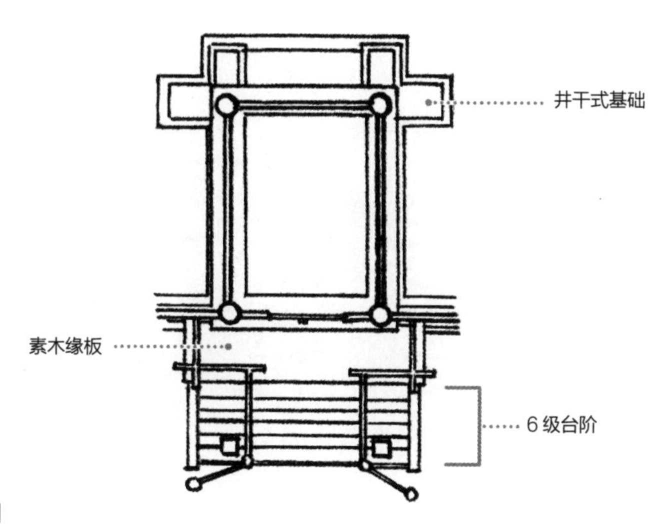


本殿平面图

看点 3

# 社内的若宫神社也不容错过

遗憾的是，春日大社的本殿普通人无法靠近观赏，但如果沿着本殿回廊前面的路向东走，就会看到背对着三笠山的若宫神社，与本社本殿非常相似，也是典型的春日造建筑。这座神社中供奉着天儿屋根命的儿子天押云根命。现存建筑重建于文久三年（1863），前方树立着鸟居，鸟居两侧伸出玉垣[19]将本殿围合在内。若宫神社本殿的朱色彩绘十分鲜艳，因此能够清晰地看到春日造特色的剑巴纹。

这座若宫神社足以令人铭记于心的是每年12月17日和18日举办的“迁幸还幸仪式”。仪式中，神首先降临在神社西方与国立博物馆南侧接壤的御旅所[20]，同时在神社中会为神献上雅乐。仪式行至深夜，所有火把会在瞬间一齐熄灭，这正是神乘轿回到若宫的时刻，人们在漆黑中点燃杉木拖曳着前行，行进中掉落的炭火是唯一可以指引道路的光亮。这种氛围在其他祭典中很难体会，推荐大家去体验一下，只是等到仪式结束就已临近深夜1点半，深冬严寒，请酌情参与。

御旅所的建筑是临时搭建的春日造，使用粗壮带皮的松木为柱，屋面覆盖松针，台阶上铺着野菰编织的草席，土墙上用石灰涂画出许多三角形图样。形式粗野却十分庄重，充满了生命力。也许，御旅所的古朴建筑正是春日造的原点。

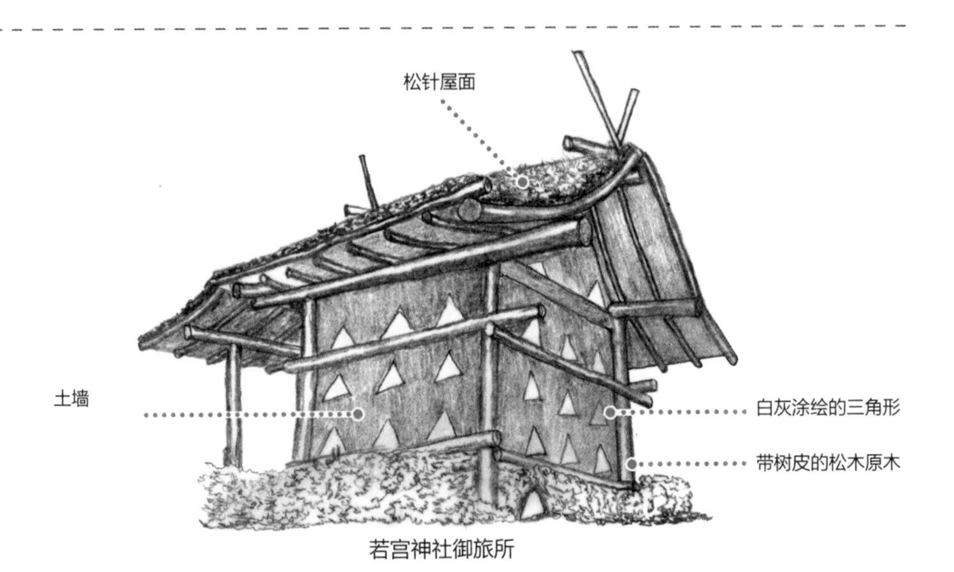


若宫神社御旅所

## ●能够欣赏典型春日造的若宫神社

每年 7 月—12 月会举行盛大的“春日若宫祭”，其间在 12 月举行的迁幸还幸仪式上，能够看到可谓春日造原点的御旅所。

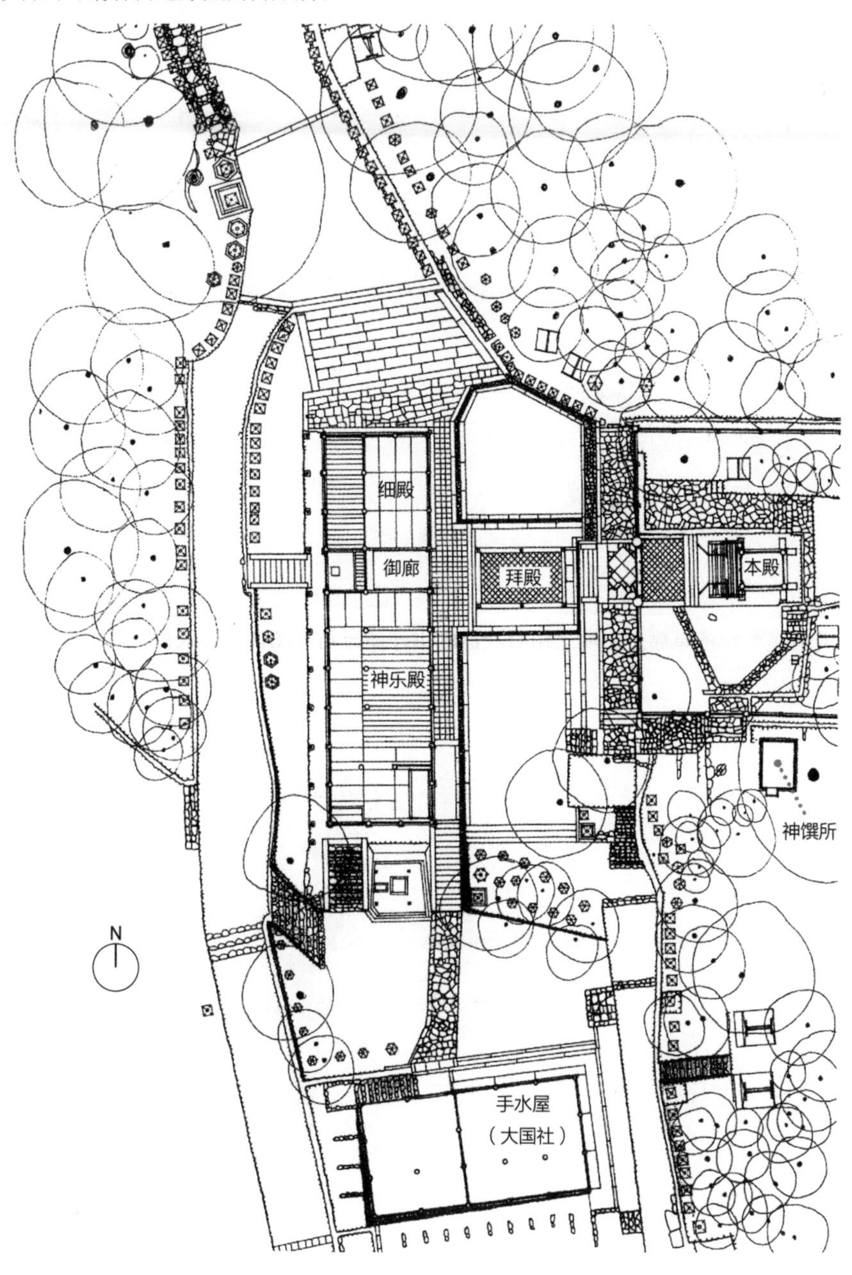

## ◆各地的“春日造”神社

“春日造”神社主要分布在近畿地区，最古老的实例是前文中提及的圆成寺春日堂和白山堂。春日大社和若宫神社的春日造与后世普及的春日造之间存在少许差异，若要比较这些差异，最好的例子莫过于位于奈良县宇陀市菟田野古市场的宇太水分神社了。

宇太水分神社由与春日大社大小相同的三座社殿组成。正对从右侧起第一殿、第二殿、第三殿一字排开，分别供奉着天水分神、速秋津比古神、国水分神。社殿均为“一间社春日造”，桧树皮屋面。

春日大社和若宫神社的春日造，以及宇太水分神社所代表的后世得到普及的春日造之间，存在如下差异：

1. 春日大社和若宫神社的本殿只在正面门前安装缘板，而后世春日造在本殿的侧面也安装带勾栏的缘板，可以认为是后世为了丰富视觉效果而附加的。

2. 春日大社和若宫神社的本殿，殿身与向拜屋顶相交的部位不使用角梁，后世春日造则在此处加入了斜向伸出的角梁。这是在宇太水分神社这类大型神社建筑的特征，这种形式又被称为“角梁结构春日造”。

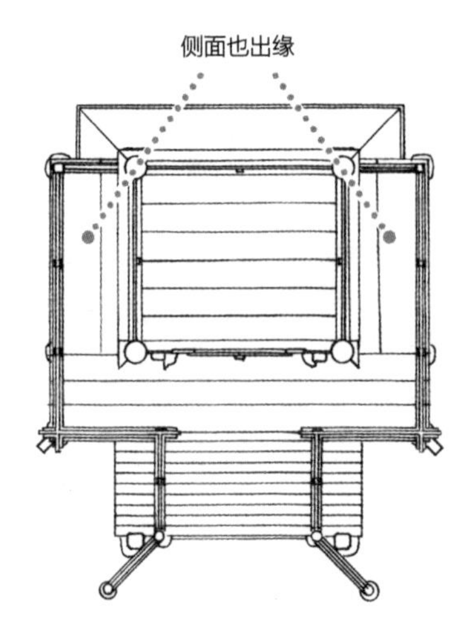


宇太水分神社平面图

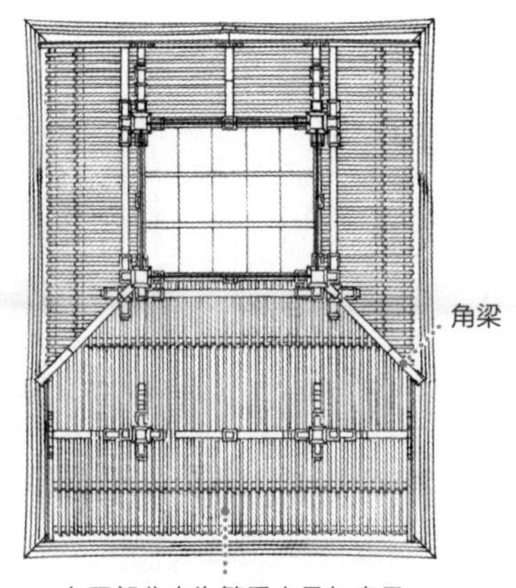


角梁结构春日造仰视图（宇太水分神社）

译者注

［15］式年造替：定期大修或重建神社建筑的仪式。如果同时举行神明迁宫仪式，那么又称为“式年迁宫”。

［16］雁翅板：中国古建筑专有名词，安装在地板外沿起遮挡作用的木板。

［17］驼峰：中国建筑专有名词，用于承重的形状像骆驼峰的板状构件。

［18］菱垣：带菱形纹样的围墙。

［19］玉垣：指神社的围墙。

［20］御旅所：供神明降临时休息的场所。

【神社 3　流造】

# 上贺茂神社本殿：

## 单侧伸展的屋檐营造出人的空间

## 最普遍的神社建筑样式

从京都站乘地铁乌丸线至北大路站，再乘京都市公交 10 分钟左右，就会看到沿着贺茂川的大鸟居、茶铺，还有公园一样的大片草坪，这里就是上贺茂神社。

上贺茂神社的官方名称事实上是“贺茂别雷神社”，供奉着贺茂别雷大神。与供奉其父母贺茂建身角命和玉依姬命的下鸭神社（官方名称为“贺茂御祖神社”），同为古代氏族“贺茂氏”的氏神庙。

上贺茂神社与下鸭神社的本殿都以作为典型“流造”建筑样式的代表而闻名。全日本被认定为重要文化遗产的神社本殿建筑中，流造的比例高达 55%，可谓普及最广的神社本殿建筑样式。

接下来，就让我们一边留意上贺茂神社与下鸭神社本殿的不同，一边来欣赏这“最常见的神社建筑”吧。

要点

# 单侧屋檐如流水般伸展的“流造”

从公交站“上贺茂神社前”出发，经过一之鸟居，再经由马场的草地穿过二之鸟居，就会见到这一组被御手洗川（御手洗川，顾名思义是供参拜者净手的河流）环抱的殿舍群。渡过两座桥，走进楼门，币殿即出现在了右手边。平时参拜路线只到正面石阶上方的中门即止，但定期也会开放本殿的特别参观。开放特别参观时，交纳参观费后，就可以在中门左边的直会所[21]和透廊处一边听神职人员的讲解，一边近距离观赏本殿和权殿。

上贺茂神社自古信仰深固，奈良时代甚至因盛极一时而遭到朝廷的管控。750年被划分为两部分，下鸭神社自此成为上贺茂神社的分社。平安时代都城迁至京都后，皇室掌握了上贺茂神社的祭祀权，上贺茂神社遂作为皇城的镇护得到进一步发展。平安末期，今天我们能够看到的社域景观已基本成型，其后一度衰落，江户时代得以复兴并延续至今。

上贺茂神社的本殿和权殿建筑均为典型的流造，虽采用与住吉造、春日造相同的悬山顶和桧树皮屋面，入口却设置在长边，单侧屋檐出檐深远确保了祭礼时可供使用的空间，因屋檐状如舒缓的流水，故得名“流造”。

现存流造建筑最古老的实例是京都宇治市的宇治上神社本殿。宇治上神社创建于平安时代，也是现存最古老的神社建筑。

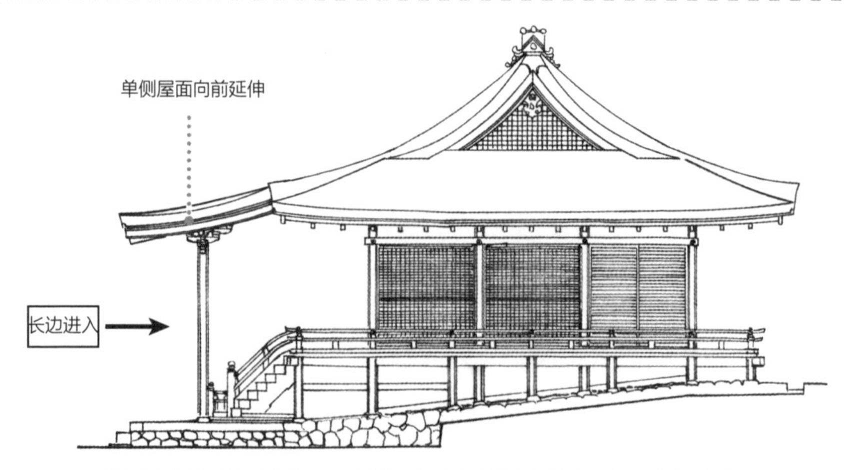


流造实例（宇治上神社拜殿侧立面图）被判定为镰仓时代初期的建筑

## ●流造本殿和权殿并立的上贺茂神社

社域内有多栋流造的摄社[22]

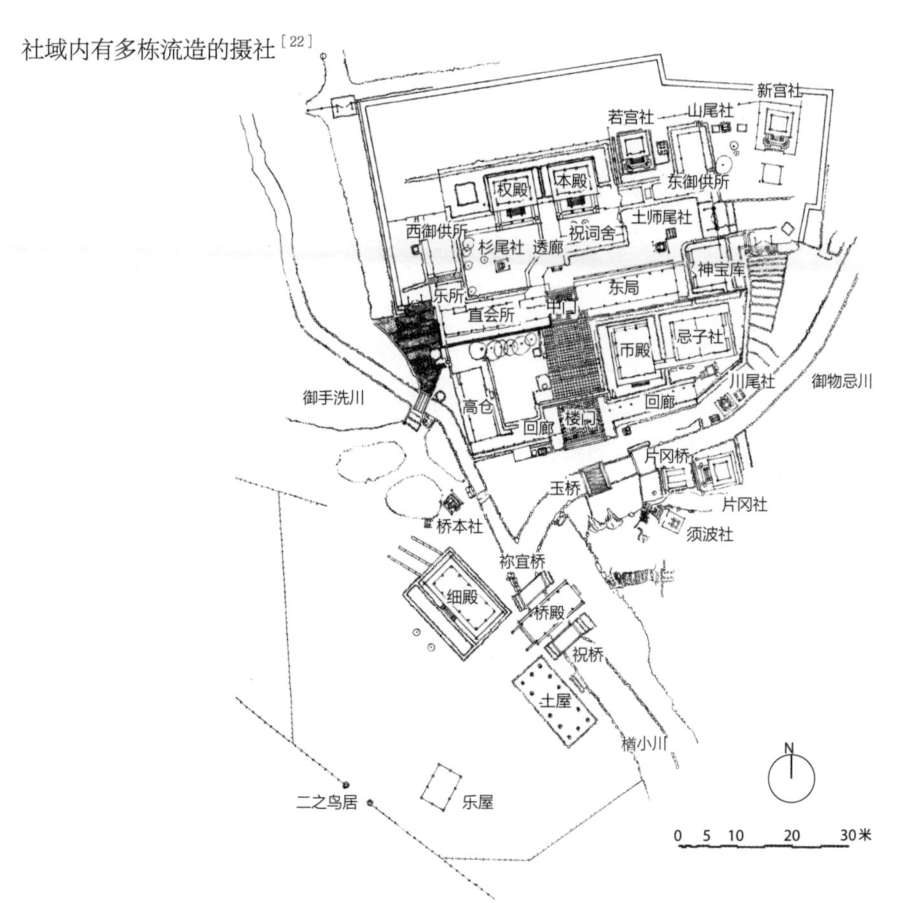


## ●悬山顶长边入口、屋檐单侧伸展的流造

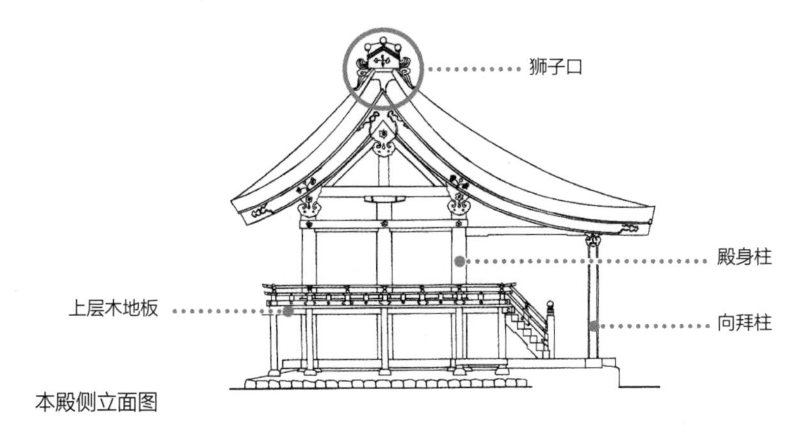


本殿侧立面图

看点 1

## 留意殿身和批檐部分的差异

流造，被认为是由神明造演变而来。与神明造相同，流造也把建筑的长边作为正面并设置台阶，围绕本殿设置有带勾栏的缘。虽然上贺茂神社本殿没有千木和坚鱼木，但偶尔也能见到带千木和坚鱼木的流造。伊势神宫本殿正面薄木板屋顶的“幄舍”，类似临时建筑可以用来遮雨，被认为与流造的形式有相当关联。

上贺茂神社本殿殿身规模为三间 × 两间，建造在台基上，整体铺设木地板，与春日大社相同。

对于神社来说狮子狛犬是必要的元素，但上贺茂神社本殿的前面并没有狛犬像，而是在中央门扇两侧的墙壁上绘制狩野派风格的狮子狛犬图。这一手法和本殿周围的建筑中使用的唐破风一样，透露了神社建筑以一次次迁宫为契机，逐渐受到中国风影响的事实。

另外值得注意的是，上贺茂神社本殿的殿身和向拜在做法上存在差异。例如殿身部分使用圆柱，檐下椽子间距较密是所谓的“繁垂木”；而批檐部分使用方柱，椽间距更大为“疏垂木”。殿身和批檐建筑所体现的等级差异，反映出区别神的领域和人的领域的意图。此外，批檐通过进一步的发展，干脆演化成了另一个房间的情况，可以在滋贺县三井寺的新罗善神堂以及苗村神社西本殿中见到。

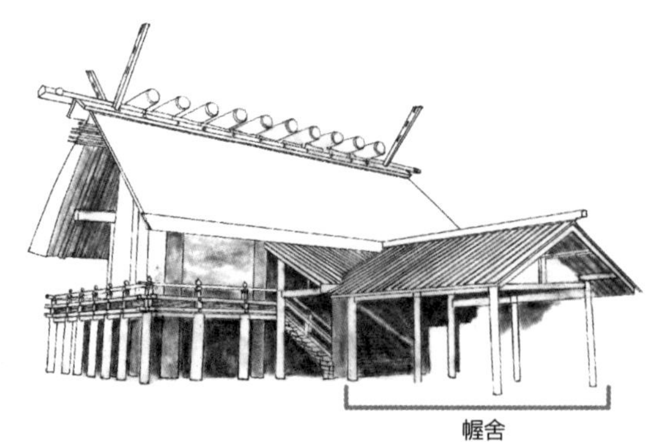

伊势神宫内宫本殿的幄舍

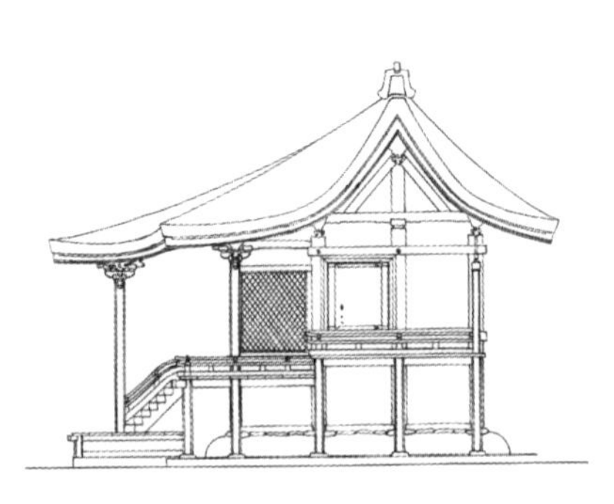

苗村神社西本殿侧立面图：向拜部分演化为一个房间

## ●与神明造相似的正面入口台阶

和春日造一样建造在井干框架上。

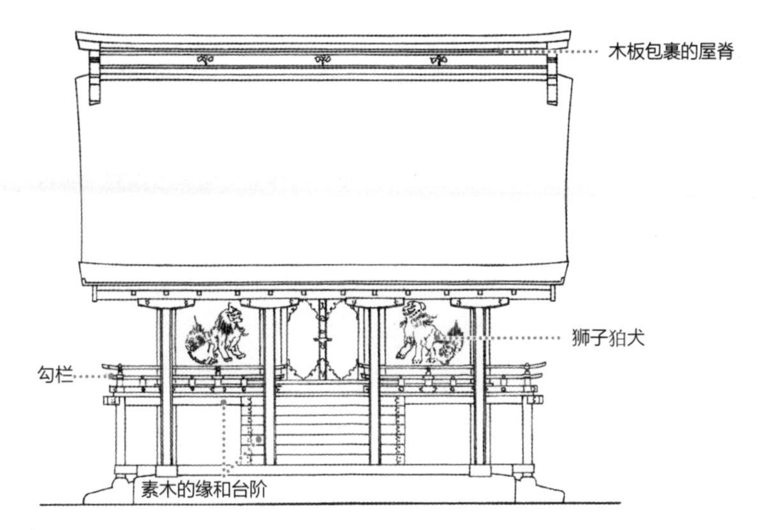


本殿正立面图

## ●殿身与批檐部分的差异

使用不同的柱子和椽子区分神和人的空间。

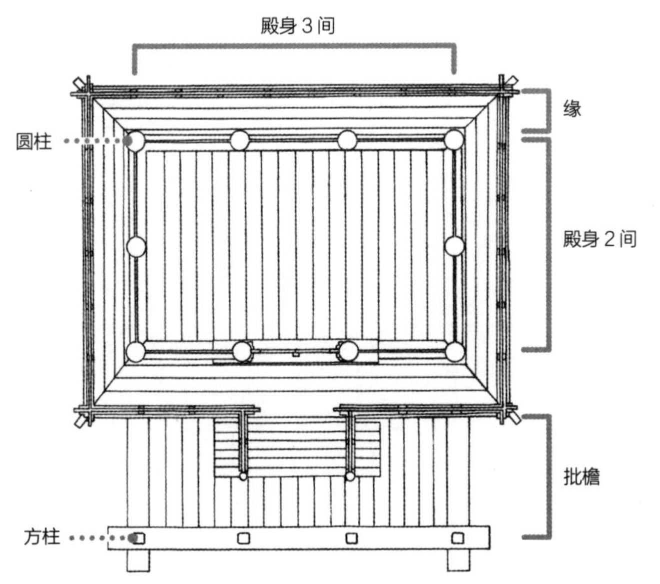


本殿平面图

看点 2

## 与下鸭神社的不同

上贺茂神社与下鸭神社的本殿建筑并无很大差异，可以说相同形制相同规模，然而在细节上终究有所不同。再者，二者的迁宫方式非常不同。

首先，上贺茂神社本殿与权殿并排，而下鸭神社为两座本殿并排（这与接下来要介绍的迁宫方式的不同有关）。其次，上贺茂神社本殿的墙壁绘有狛犬图，而下鸭神社没有，上贺茂的台阶为素木，而下鸭神社涂成朱色，上贺茂的屋脊为木板覆盖的箱栋，两端设狮子口，而下鸭神社的屋脊用瓦覆盖，诸如此类的细节中存在着许多差异。

若说上贺茂神社与下鸭神社最大的不同，在于迁宫方式。上贺茂神社没有固定的迁宫周期，当建筑物破损时即实施迁宫；而下鸭神社则固定每隔 21 年举行一次迁宫。上贺茂神社的权殿在同一位置不断重建，新本殿则在他处建造，神祇从旧本殿“临时迁宫”至权殿后，即马上拆除旧本殿，而后把已经在别处建造完成的新本殿用滑车运来举行“正式迁宫”。与之不同，下鸭神社的迁宫方式则是在东西本殿相接的地方搭建临时殿，实施“临时迁宫”，之后将东西本殿拆除，两天后举行本殿立柱仪式直至上梁竣工。因此，下鸭神社的神不得不在临时殿里屈尊 20 天之久。这是其与上贺茂最大的不同。

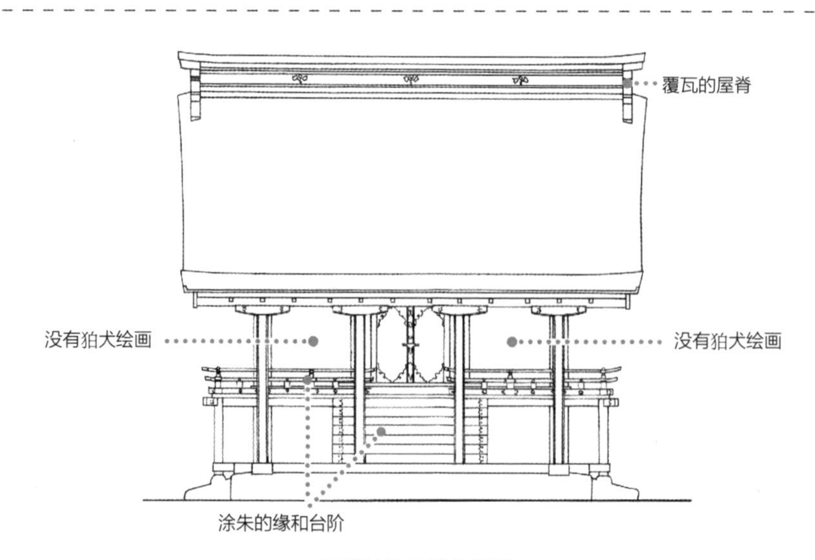


下鸭神社本殿立面图

## ●上贺茂神社与下鸭神社迁宫方式的不同

本殿的数目，以及权殿（临时殿）是否为常设建筑，反映出迁宫方式的不同。

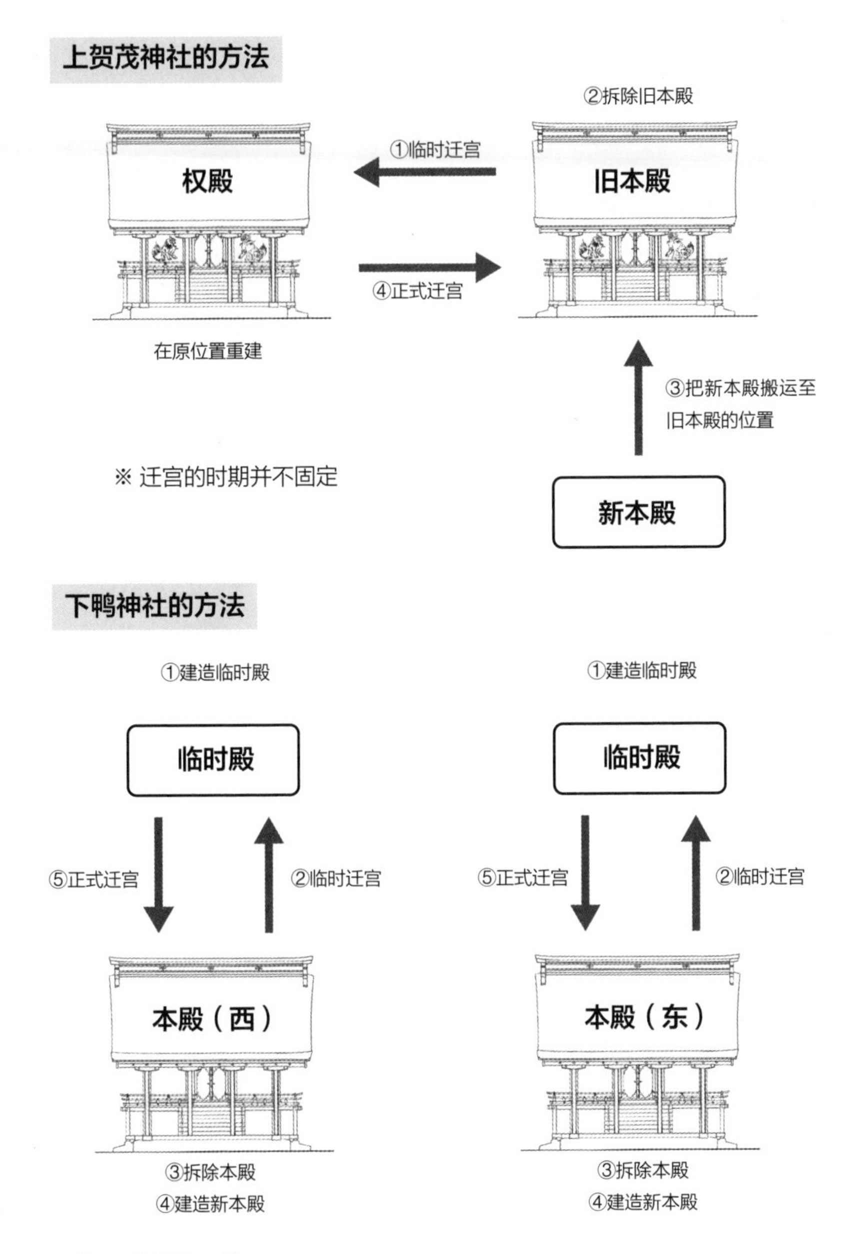


※ 每 21 年迁宫一次

※ 近年不再整体重建，只修缮局部当做迁宫

## ◆本殿周边也值得一看

如果时机不巧没能见到上贺茂神社的本殿，周边还有片山御子神社（片冈社）、新宫社、奈良社等同样为流造的摄社，参观这些建筑也能够帮助我们理解流造的形式。

此外，上贺茂神社建筑的出彩之处并不仅限于流造。御手洗川、楢小川流经的整个社域，以及位于神社南方的世代供奉上贺茂神社的社家聚居的街区也是不错的景点。明神川是在贺茂川上筑坝蓄水而得，在与御手洗川、御物忌川汇合后流经上贺茂神社，神社内的这一区间即被称为楢小川。流出神社区域后，明神川的一部分便沿着社家町的北侧取道东流。

一般来说，追溯日本庭园的起源时，往往会关注叠山的历史，然而如果关注理水，那么上贺茂神社这种清爽怡然的理水之法，无疑映射着日本庭园的原初之态吧。上贺茂神社中，中根金作在 1960 年设计建造的涉溪园中定期举行着曲水宴，值得游赏一番。

上贺茂神社域内还有许多这样的流造摄社

译者注

[21] 直会所：进行“直会”的场所，“直会”是指供神仪式之后参拜者分享食物酒水等供品的仪式。

[22] 摄社：附属神社，供奉与主神关系密切的神明。

【神社 4　日吉造】

# 日吉大社本殿：

## 三面批檐与神佛融合的影响

## 只在这里能够看到的“日吉造”

乘坐京阪电车的石山坂本线，沿着滋贺县琵琶湖的西岸行进，到终点坂本站下车后，向西步行10分钟左右就来到了日吉大社。社中大致可分为比叡山山岳信仰的“东本宫诸社”和相传在天智天皇时期从奈良三轮山召请来大巳贵神的“西本宫诸社”两大建筑群。

日吉大社原本与比叡山延历寺同宗，可谓受到神佛融合影响最大的神社之一。虽遭受过多次自然灾害和战争的损毁，重建于战国时代末期（16世纪末）的社殿有幸得以保存至今。明治元年（1868）颁布了“神佛分离令”后，激烈的灭佛运动造成社内佛教建筑被大量拆毁，最终从延历寺完全独立出来。

日吉大社因其独特的“日吉造”建筑样式而为人所知。接下来，即对比前文介绍过的各种神社建筑样式，对“日吉造”的特征做一梳理。

看点

# 本殿三面延伸出批檐的日吉造

纵观神社建筑的历史，在神专享的空间之外，逐渐出现了为人的祭祀活动而营造的空间，这一点通过前文对春日造和流造的介绍读者应该已经有所了解。春日造、流造中，屋面的一侧延伸出向拜或批檐，而如果本殿的三面都延伸出批檐就成为日吉造。这一样式只在日吉大社的东本宫、西本宫，和宇佐宫能够见到。由于资料缺乏，很难确定日吉造究竟成形于何时，大致可推测是在平安时代中期。

东本宫本殿为一座五间 × 三间的桧树皮屋面歇山顶建筑，正面加建巨大的批檐形成参拜空间，侧面出批檐并在很高的位置铺设缘板，背面中央三间的缘板高出一级是其特别之处。此外，背面的批檐和殿身屋面看上去像是中途折断的形状也颇具特色。本殿内部被分为中央后方的内阵[23]和环绕三边的外阵[24]，内阵地面比外阵高约 60 厘米，因此背面的缘板才会出现高差。另外，不仅东本宫，日吉大社的七座社殿都将木地板下的空间作为举行仪式的“下殿”，据传曾作为下级僧侣参佛的场所，这也是日吉造独有的特征之一。

即使同为日吉造，也存在一些细部的差异，例如与东本宫相比，西本宫本殿四周的缘板同高，东本宫仅在四根角柱上使用替木，而西本宫在所有的柱头都安装了替木。

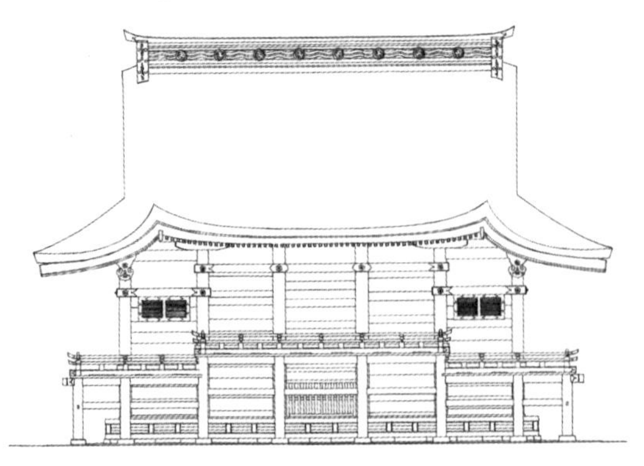

日吉大社东本宫本殿背立面图

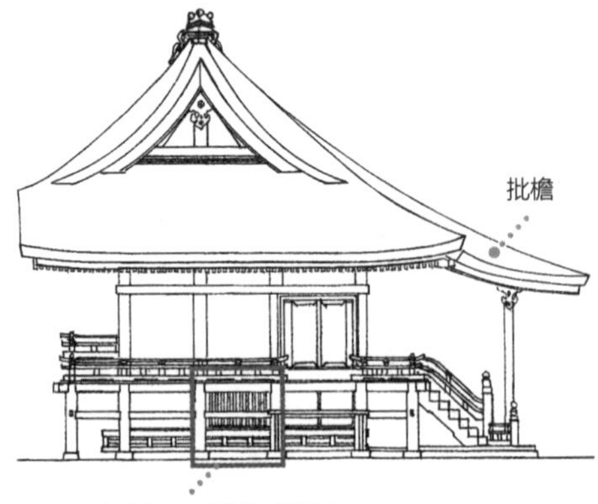



日吉大社东本宫本殿侧立面图

## ●三面批檐

本殿作为僧人修行的场所，逐渐被寺院建筑同化。

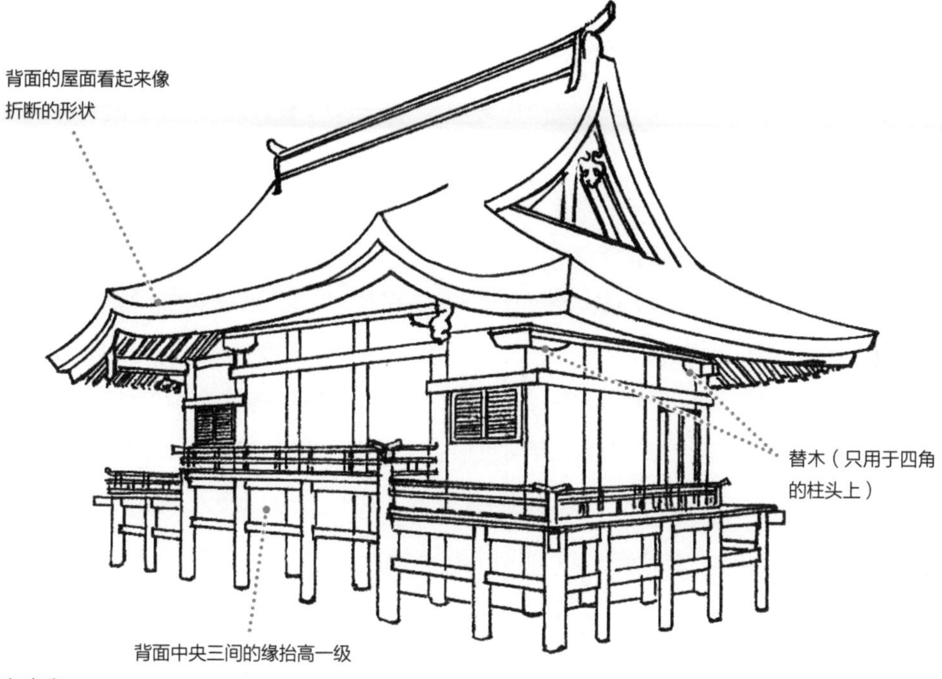


东本宫

## ●影响本殿建筑形式的内阵和外阵

内阵地面高于外阵，如实反映在了背面缘板的位置上。

五间

东本宫中只有这一段的
缘被抬高（约60厘米）

3间

殿身（内阵）

批檐下的
外阵

日吉大社东本宫平面图

## ◆本殿一分为二的八幡造

以大分县宇佐市的宇佐八幡宫本殿、京都府八幡市的石清水八幡宫为代表，还有一种重要的神社建筑样式是“八幡造”。

前文介绍的所有神社，基本上本殿都是一栋建筑，而八幡造的最大特征则是由两栋独立的建筑前后相接形成一座社殿。八幡造本殿可分为前殿和后殿，二者面阔均为三间，前殿进深为一间，后殿为两间，其间由被称为“币殿”的空间连通，成为一体。

前后殿均为长边进入的桧树皮屋面悬山顶建筑，两殿之间设置的大型排水渠又被称为“陆谷”。

宇佐八幡宫是“八幡造”样式的本源，但上宫和下宫被楼门和墙垣围绕，根本无法一览全貌。京都石清水八幡宫也是同样情形，不便于观瞻，所以读者可以尝试走访各地的八幡神社，也许会有所收获。

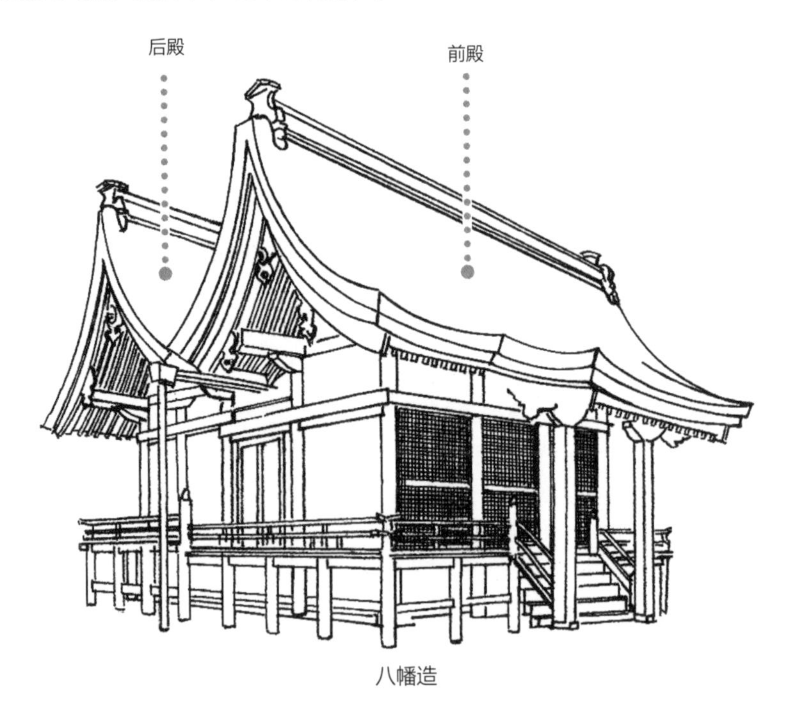

八幡造

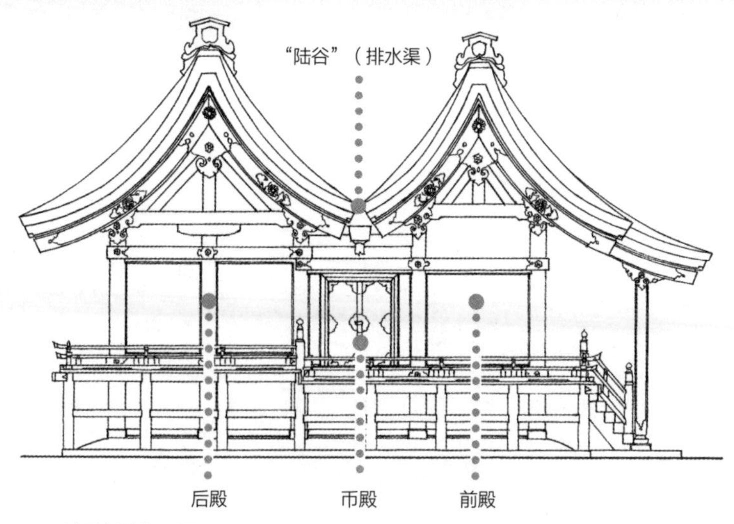


八幡造侧立面图

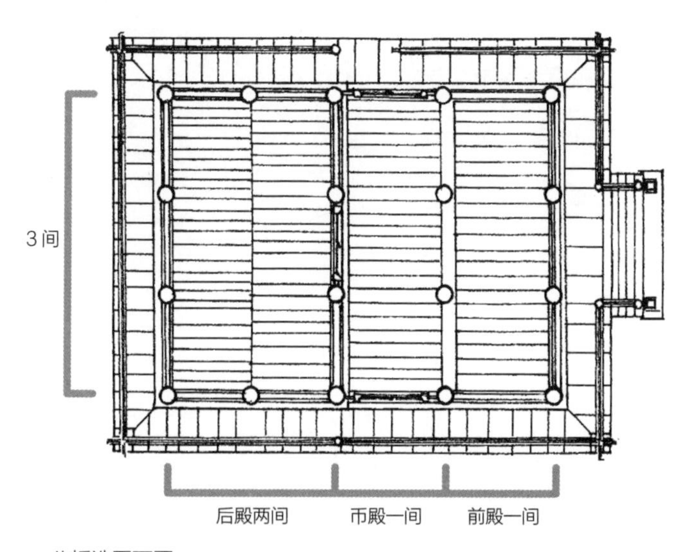


八幡造平面图

译者注

[ 23 ] 内阵：日本建筑专有名词，佛像空间为内阵。

[ 24 ] 外阵：日本建筑专有名词，参拜空间为外阵。

【神社 5　八坂造】

# 八坂神社本殿：

## 神的空间和人的空间的一体化

## 象征神佛融合的神社建筑

从京都市中心的四条河原町向东行进跨过鸭川，再经过祇园街道，迎面望见的便是八坂神社的西楼门。

八坂神社的创立之始不详，一种说法是与平安时代僧人圆如和藤原基经有关。这座神社在古时曾被称为“祇园天神堂”或“祇园感神院”，中世（镰仓幕府成立至江户幕府成立之前）以后则称“感神院祇园社”。明治元年（1868），依据太政官的布告改名为八坂神社之前，这里供奉的主神一直是印度祇园精舍的守护神牛头天王。因此，自平安时代创立之初，八坂神社就具有将神佛融合在一起的独特性格，与其他神社与农耕密切相关的性质颇为不同。

以八坂神社为代表的建筑样式是“八坂造”，接下来就让我们走近这座神佛融合的代表之作。

看点

# 本殿和礼堂融为一体

根据承平五年（935）的记载，八坂神社的所在地当时面积为一町（约 9900 平方米），曾建有堂、礼堂，以及同等规模的神殿和礼堂，那座神殿即是八坂神社的前身。其后经历了数次倾塌、火灾和多次的重建，烧毁于正保三年（1646）最终重建于承应三年（1654）的社殿得以留存至今。

八坂神社的本殿，平面乍看十分复杂，与佛殿类似，却恰恰保留了创立之初的形态。面阔五间、进深两间的殿身外围被四面厢房围合，构成本殿的殿身，前方建造有面阔七间、进深两间的礼堂，再外围还有向拜。

本殿如此复杂的构成，让人一时间很难理解，而如果将其看作“双堂”则易于理解。“双堂”本来是在佛专属的本堂外面加建参拜空间而形成的两座佛堂并列的形式。伸出巨大向拜的流造本殿，以及后世拜殿和本殿一体化的神社建筑，都是对参拜空间的需求下的产物。由于八坂神社会在神明面前举办御灵会等道家的法事以及佛事，因此在本殿前方营造了可供这些仪式使用的空间。

八坂神社殿身和向拜在平面上分离的特征，也有人猜测是受到了平安后期贵族住宅寝殿造的影响。

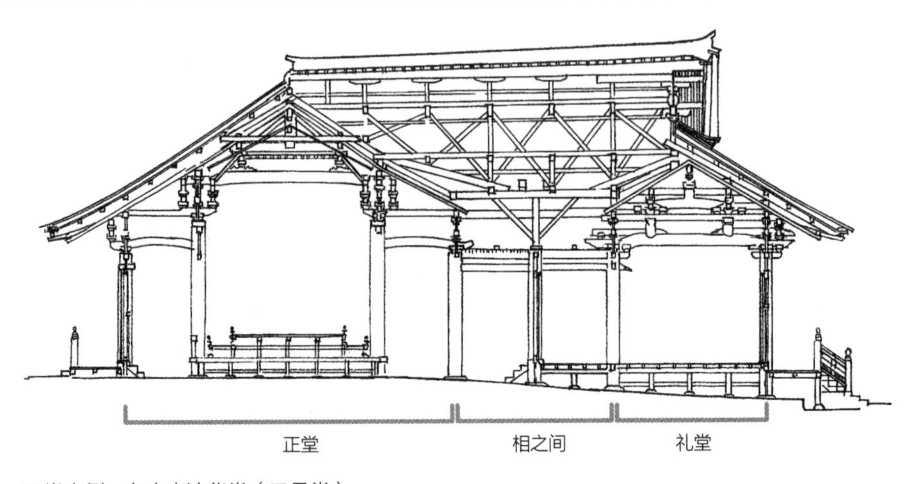


双堂实例：东大寺法华堂（三月堂）

## ●本殿和礼堂在同一屋檐下

可看作是本殿和礼堂并列的“双堂”的一种。

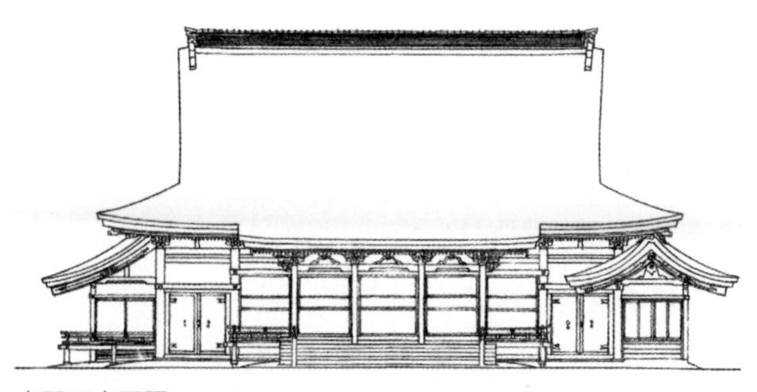

本殿正立面图

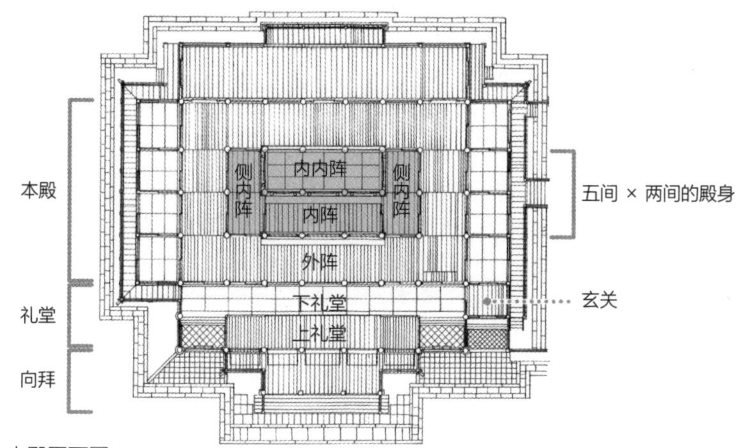


本殿平面图

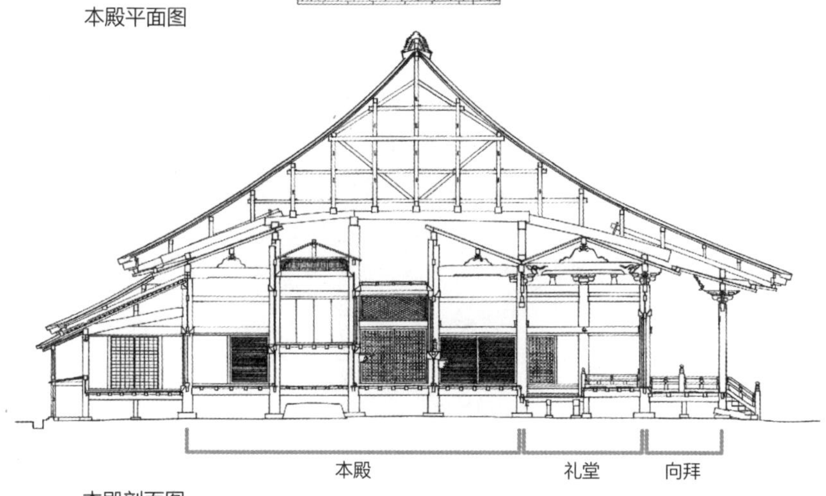


本殿剖面图

## ◆神的空间和人的空间一体化的过程

本书在前面主要介绍了神社建筑的主要建筑样式，其他颇具特色的还可以举出“吉备津造”“香椎造”“权现造”。这些样式都是神社建筑受到佛教建筑的影响后，在神的空间（本殿）和人的空间（拜殿）一体化的进程中出现的形式。

“吉备津造”是吉备津神社（冈山市）本殿的特殊样式。这座本殿为面阔七间、进深八间的建筑，由位于中央的内阵、内内阵，外围的中阵，以及更外围的外阵组成。换言之，就像是在三间社流造的四周伸出了两重向拜的形式。在其建筑演变的过程中，受到佛教建筑的影响，前方另外设有拜殿。

“香椎造”是福冈市香椎宫的独特样式，可以分为内内阵、内阵和外阵。虽然屋顶架设有千木和坚鱼木，可以辨认出是神社建筑，但各处都充满了佛教建筑的影响。

“权现造”在安土桃山时代（16 世纪末至 17 世纪初）以后十分流行，成为拜殿和本殿融合的一种定式。本殿和拜殿之间设有币殿。拜殿的屋顶为歇山顶，币殿的屋脊与其正交。由于看起来有许多个屋顶，又被称为“八栋造”。

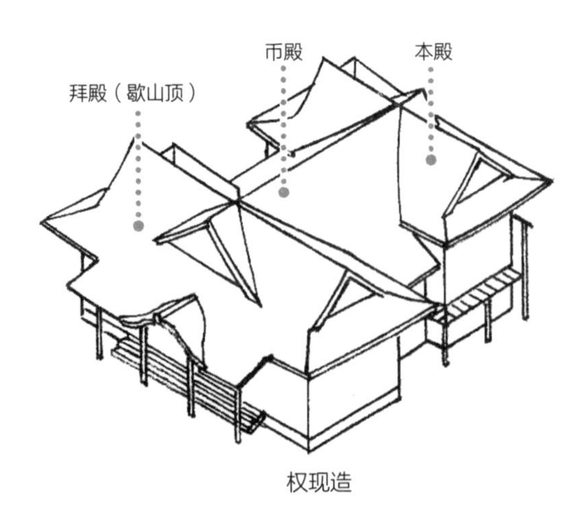

权现造

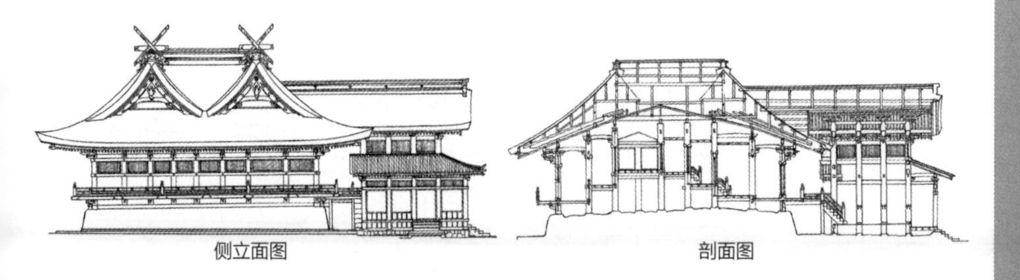


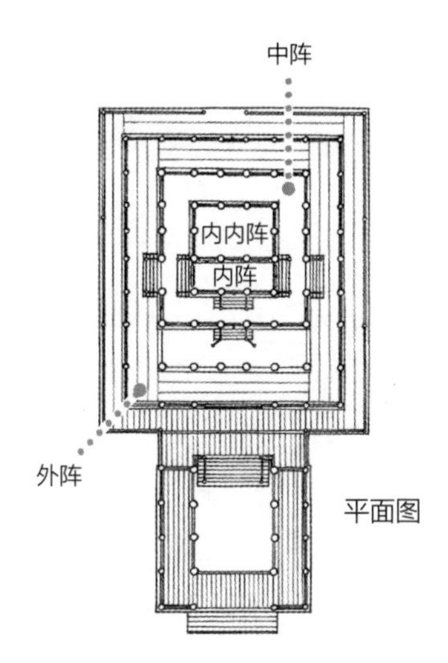


吉备津造

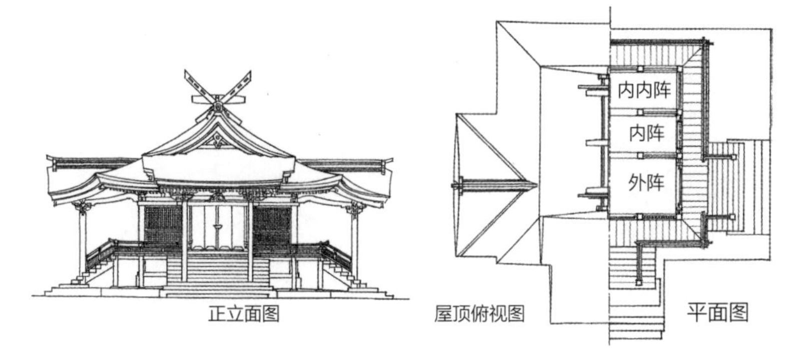


香椎造

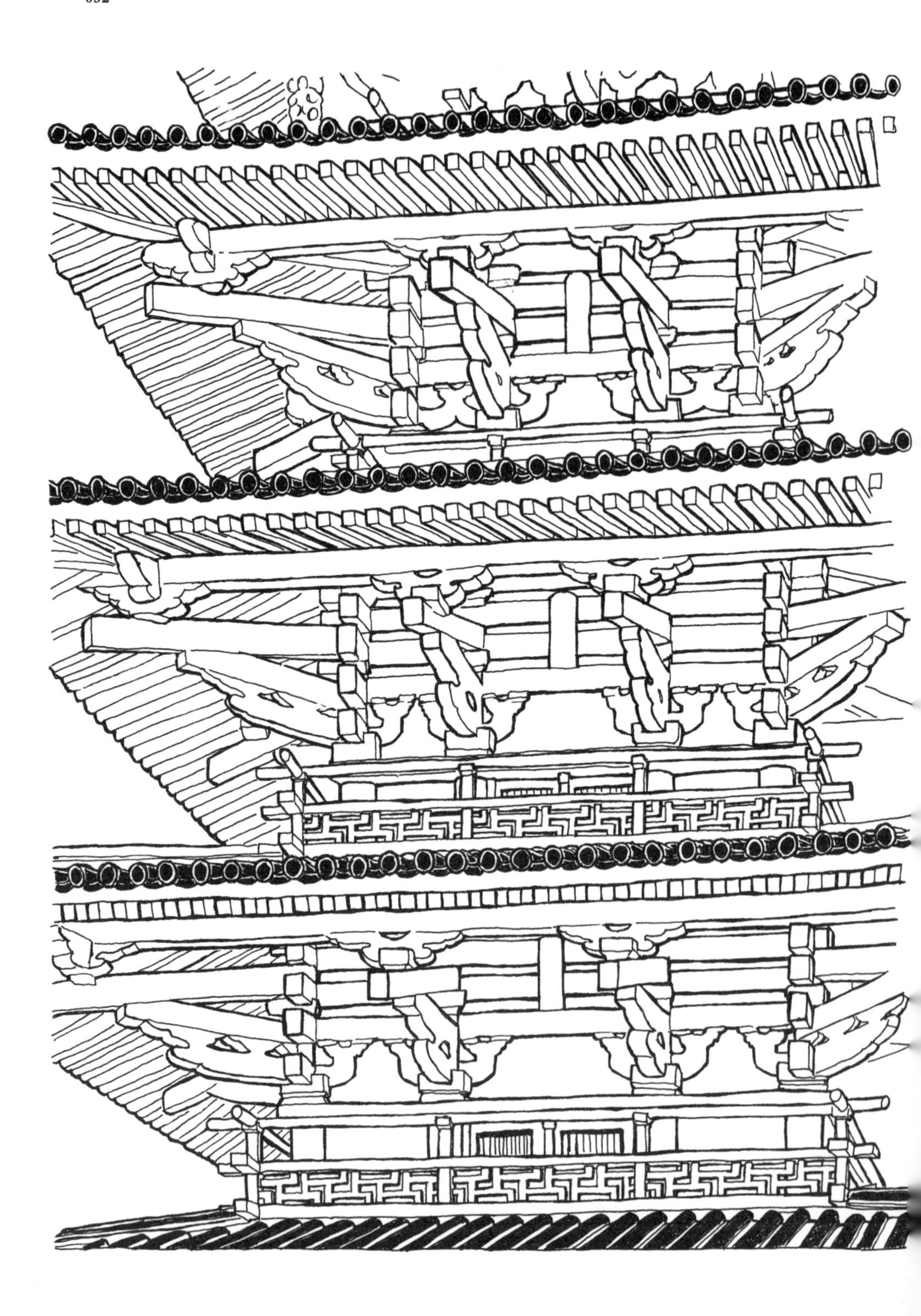

【寺院 1　飞鸟样式】

# 法隆寺西院伽蓝：
承载佛陀教化的云形斗栱

## 日本建筑史的博物馆

从 JR 关西本线的法隆寺站乘坐奈良公交，在法隆寺前站下车，穿过两旁松树并列的参道，就看到了通往法隆寺西院伽蓝的南大门。

法隆寺由金堂、五重塔所在的“西院伽蓝”和梦殿所在的“东院伽蓝”组成。除白凤、弘仁、贞观几个时代之外，几乎所有时代都在这里留下了建筑实物，因此法隆寺又被誉为“日本建筑史的博物馆”。不仅金堂和五重塔是世界上最古老的木结构建筑，寺内建筑大多被认定为日本国宝或重要文化遗产。

法隆寺的看点不胜枚举，其中回廊围合着金堂、五重塔、大讲堂、中门而构成的西院伽蓝是古老的“飞鸟样式”唯一的遗存，比以药师寺为代表的“白凤样式”更为久远，实在不容错过。接下来，就让我们一边细细品味法隆寺的建筑，一边留意它与后世的关联。

要点

# 与后世“和样”相关的飞鸟样式

飞鸟样式是飞鸟时代（公元 600 年左右）建造的佛教建筑的样式。其后的 645 年大化改新之后，才出现了白凤样式（代表作为药师寺），而 710 年迁都平城京后天平样式（代表作为唐招提寺）才粉墨登场。

白凤样式和天平样式都是中国唐朝传入日本的建筑样式，而飞鸟样式则被认为是由朝鲜半岛传来的。也就是说，佛教寺院随着佛教一同从朝鲜半岛或中国传来日本之后，才演变出后世被称为“和样”的建筑。

飞鸟样式的特征（特别是与和样建筑的不同之处）包括：

1. 柱身（圆柱）呈梭形，即梭柱[25]，曾经一度被认为与古希腊神庙柱身的收分（entasis）有关，但并未得到证实。

2. 使用卍字纹的勾栏。

3. 勾栏上使用人字栱（被认为是后世驼峰的原型）。

4. 外檐斗栱为云形造型。

以上 4 点中，在建筑发展史上意义最为重大的是第 4 点云形斗栱。下文即先就飞鸟样式的檐下斗栱做一说明，继而讲解西院伽蓝的金堂、中门、五重塔，以及镰仓时代改造过的回廊。

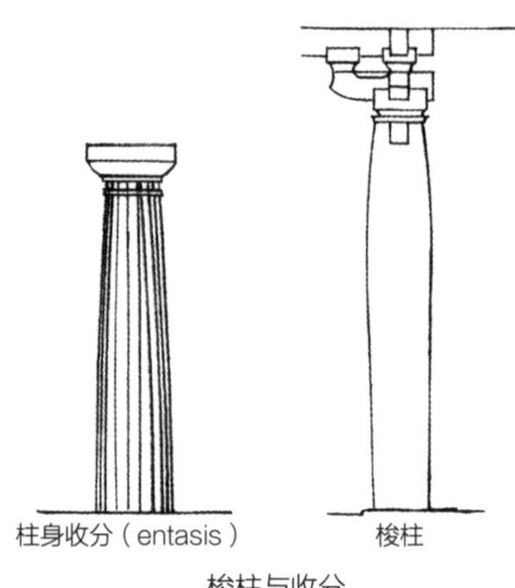


梭柱与收分

## ●云形斗栱与勾栏、人字栱

飞鸟样式的特征中最具建筑史意义的是云斗和云形栱。

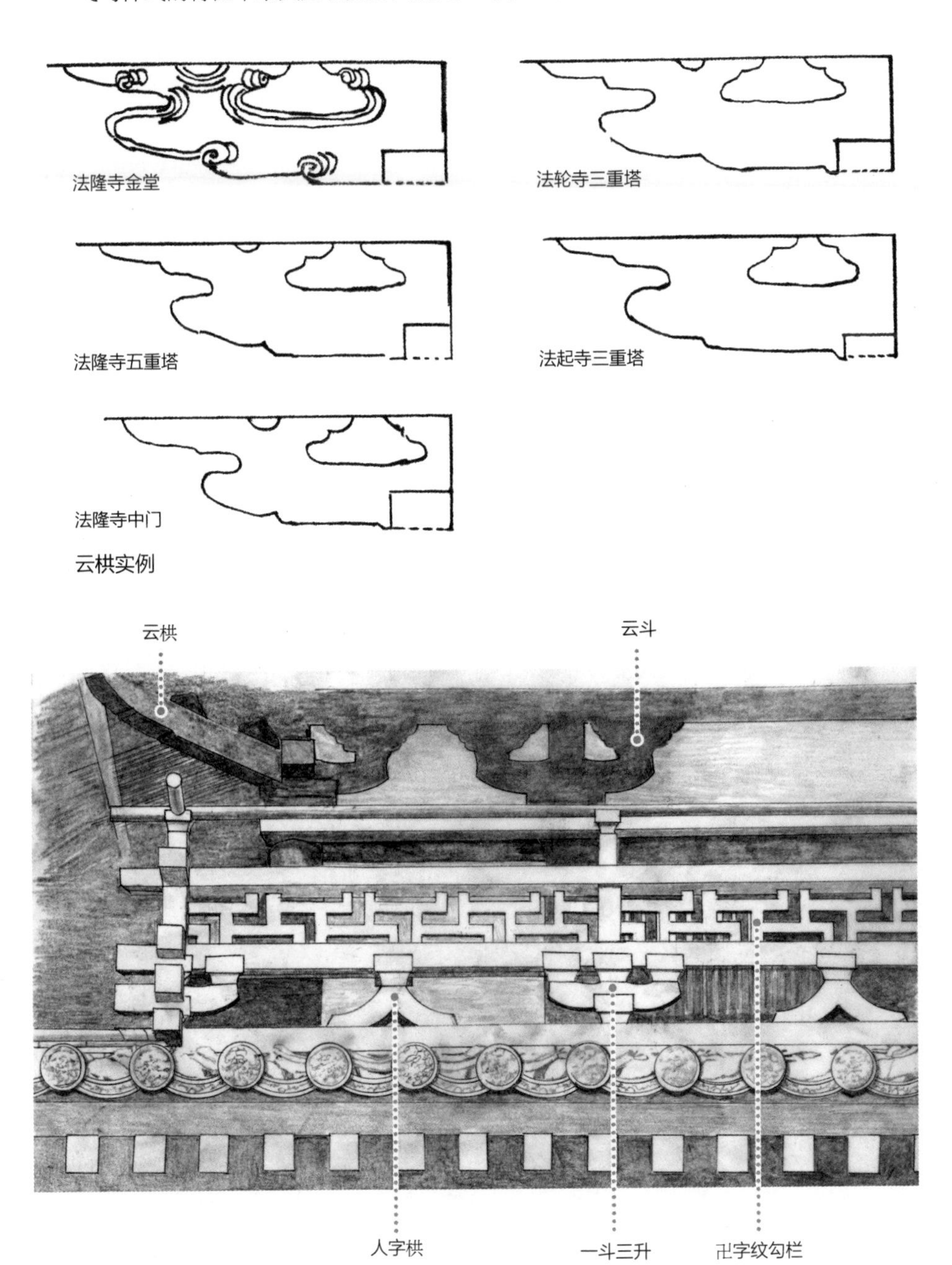


云栱实例

看点 1

# 从屋檐即可识别飞鸟样式

西院伽蓝的金堂、中门、五重塔、回廊的屋檐具有共同的特点，也是飞鸟样式的特征之一。

首先，梭柱上方，安装有名为“大斗”的构件将屋顶重量传递至柱身。大斗上放置名为“栱”的横向构件，与斗共同构成一“跳”。斗和栱都为云形是飞鸟样式最大的特征（所谓云斗和云栱）。后世的和样建筑，例如药师寺东塔和唐招提寺金堂的外檐斗栱均出三“跳”，因此又被称为“出三跳斗栱”。由此可见，来自朝鲜半岛的飞鸟样式和来自唐朝的和样在屋檐部分，存在很大差异。

飞鸟样式和其后的白凤、天平样式以后的寺院建筑，在出檐方式上亦有所不同。法隆寺西院伽蓝的建筑都铺设单层椽，而白凤样式的代表作海龙王寺五重小塔，以及天平样式的代表作唐招提寺金堂之后，为了出檐更加深远，通常会采用双层椽（加一层飞椽）来制作曲面屋顶。此外，飞鸟样式只在屋檐最外侧使用一根橑檐枋（横向构件），而唐招提寺金堂使用了一根橑檐枋加一根罗汉枋使檐下支撑更加稳固。从上述细节可以发现，法隆寺金堂檐下的构造确有逞强之处，导致后世不得不增加了擎檐柱来支撑下垂的屋顶。

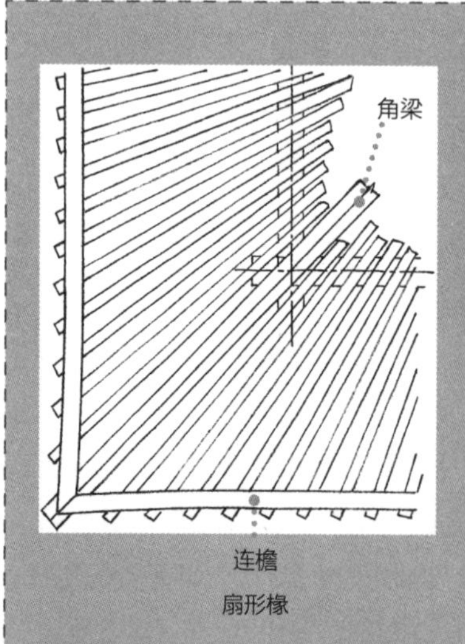


## ◆平行椽与扇形椽

从中国传来的寺院建筑在屋檐转角处通常使用结构更为合理的“扇形椽”。日本古老的四天王寺曾使用了扇形椽，但法隆寺之后却变成了角部短小的“平行椽”。针对这一现象，有人解释是因为日本本土的悬山顶建筑习惯用平行椽，还有人认为是配合日本人的审美而做的调整，众说纷纭莫衷一是。顺便一提，后来的大佛样建筑仅在角部使用扇形椽，而禅宗样建筑则使用整体扇形椽。

## ●斗栱、屋檐和檐下枋的变迁

飞鸟样式与后世的和样建筑不同，使用云斗云栱、单层椽，和单根榛檐枋。

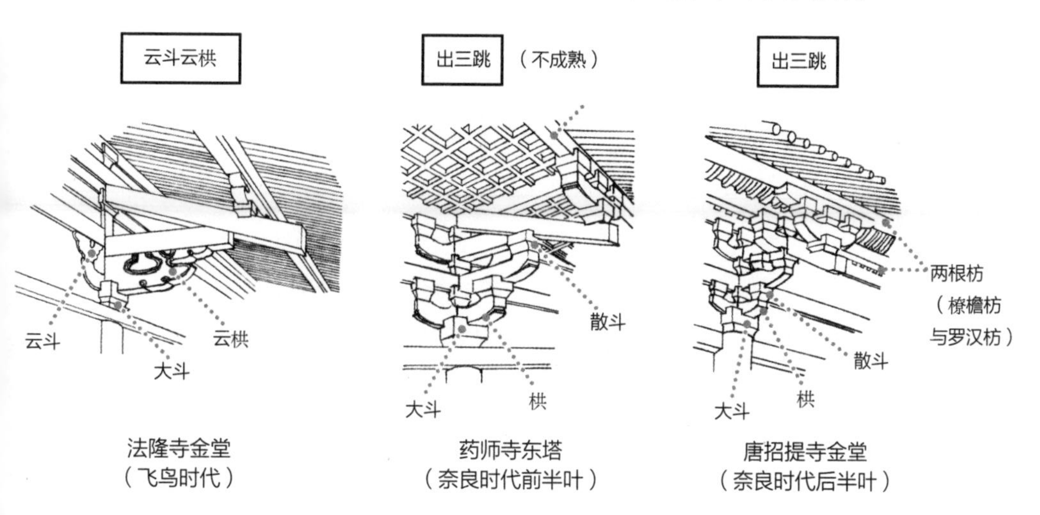


法隆寺金堂
（飞鸟时代）

药师寺东塔
（奈良时代前半叶）

唐招提寺金堂
（奈良时代后半叶）

## ●各时代檐下形式的比较

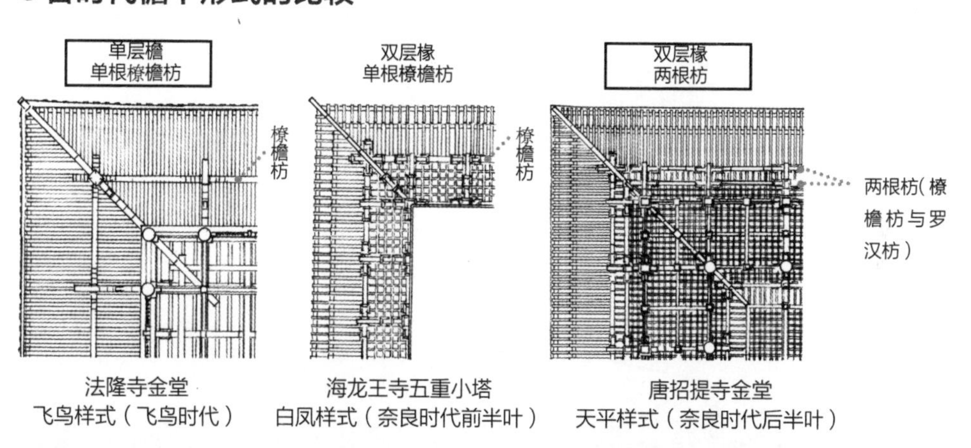


法隆寺金堂
飞鸟样式（飞鸟时代）

海龙王寺五重小塔
白凤样式（奈良时代前半叶）

唐招提寺金堂
天平样式（奈良时代后半叶）

### ◆白凤样式与天平样式

白凤样式（代表作为药师寺东塔），出三跳斗栱还未发展成熟，檐下檩条依然只有一根。而随后的天平样式（代表作为唐招提寺金堂）在檐下使用了成熟的出三跳斗栱和两根檩条。

看点 2

## 飞鸟样式特征的集大成之作——金堂

西院伽蓝中的金堂、中门、五重塔均为飞鸟样式。金堂为铺瓦的歇山顶双层建筑，面阔五间、进深四间。二层部分面阔和进深各少一间，比中门上下层的递减率（上层比下层规模缩小的比例）更大，腰部以上忽然收小。一层外围有一圈副阶[26]并安装有直棂窗，是奈良时代末期为了保护金堂壁画而加建的。为了支撑屋檐转角的云斗和云栱，副阶的屋顶上安装有力士雕像，后世又在下层屋面上方添加了龙柱来支撑上层屋檐。

中门与金堂一样是双层建筑，同为铺瓦的歇山顶，面阔四间、进深三间。作为门类建筑，通常为了通行便利而建造成奇数间，但法隆寺中门是偶数间，正中是一列立柱，实属特例。

五重塔是方三间的五层瓦顶建筑，因递减率很大，至最上层时仅为两间。云斗和云栱上没有金堂一般精美的雕刻，因此被推测稍晚于金堂建造。各层勾栏上也没有金堂和中门的人字栱或一斗三升[27]。五重塔的心柱下有巨大的空洞，是因为创建时曾栽柱入地，这是现存佛塔中仅存的心柱入地的实物。

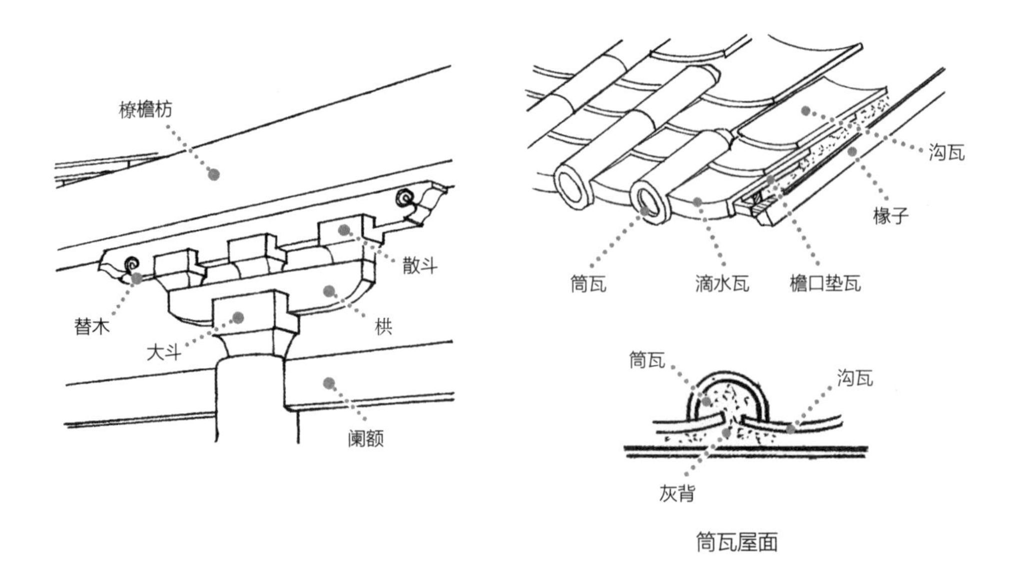


筒瓦屋面

# ●金堂、中门、五重塔的看点

雕刻精美的云斗、云栱，还有人字栱、一斗三升齐聚一堂的金堂。

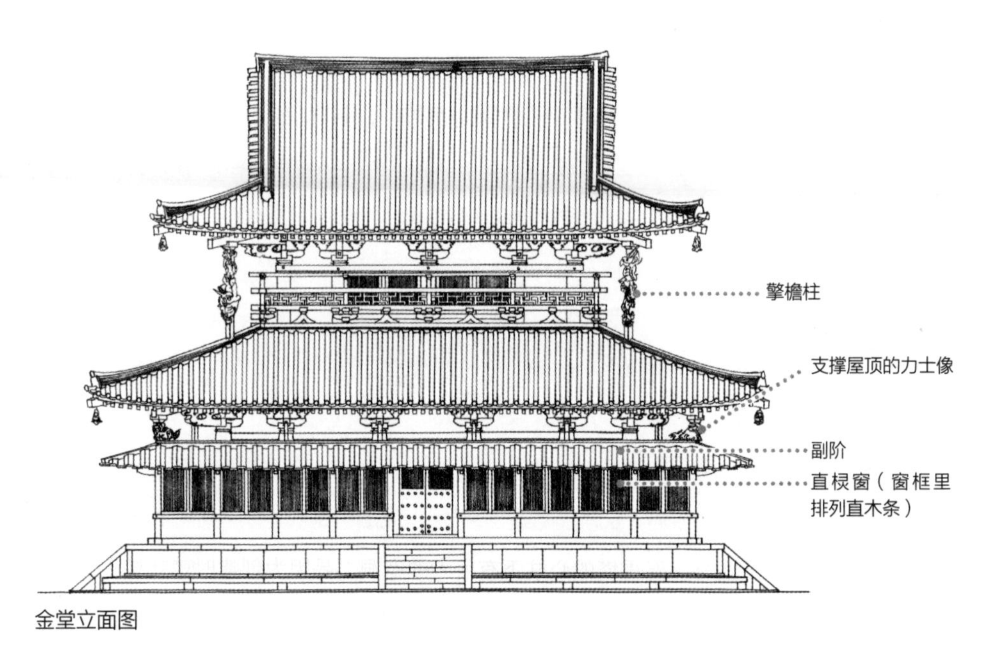


金堂立面图

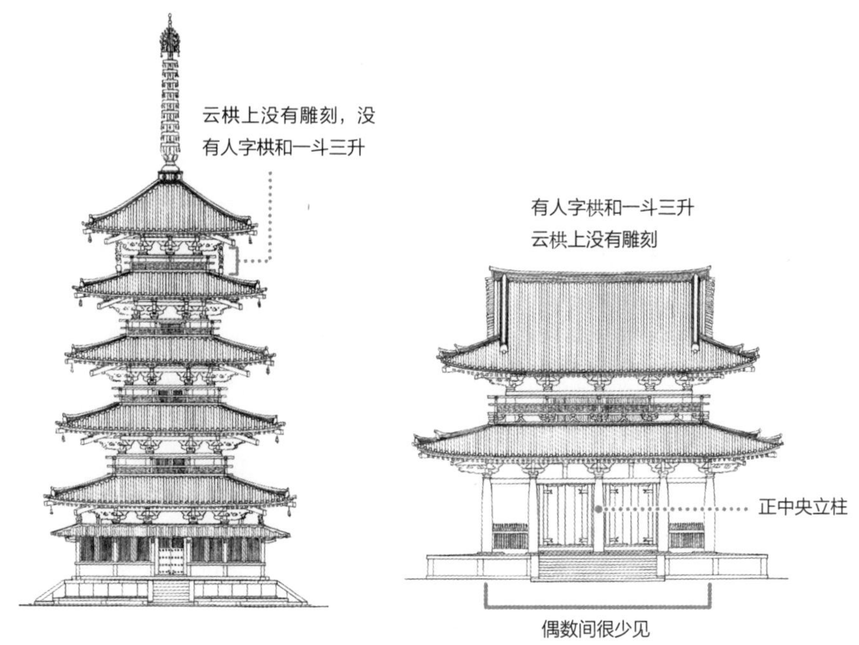


五重塔立面图

中门立面图

看点 3

# 镰仓时代的工匠改造的回廊

飞鸟时代创建的回廊环绕在法隆寺西院中心建筑群的外围。回廊现在呈“凸”字形，除了中门、金堂、五重塔之外，把经藏、钟楼和讲堂也包围在其中。然而事实上回廊本为长方形，经藏、钟楼和讲堂都在回廊外。

法隆寺回廊是单侧通廊，带收分的柱子上安装带皿板的大斗[28]、一斗三升、单层椽，从内部可以直接看到椽子，这一点与中门、金堂、五重塔相同。通廊上方架设着被称为“虹梁”（因彩虹般弯曲的形状而得名）的横向构件连接两边的柱子，虹梁上安装叉手（呈合掌形对称搭接的两根斜向构件），其上再设置一斗三升支撑脊檩。

参观时需要注意的是，回廊北侧转折突出的部分是镰仓时代改造的结果，而非飞鸟时代的最初样式，这部分的皿斗、大斗、虹梁、叉手等细部也与最初样式有所不同。造成这种差异的原因恐怕是镰仓时代的工匠并不熟悉飞鸟样式。这个例子提醒我们，虽然以现代人的观点来看，文化和技术总是在进步的，然而盛极一时的文化也有因渐渐被遗忘而最终退化的情况。

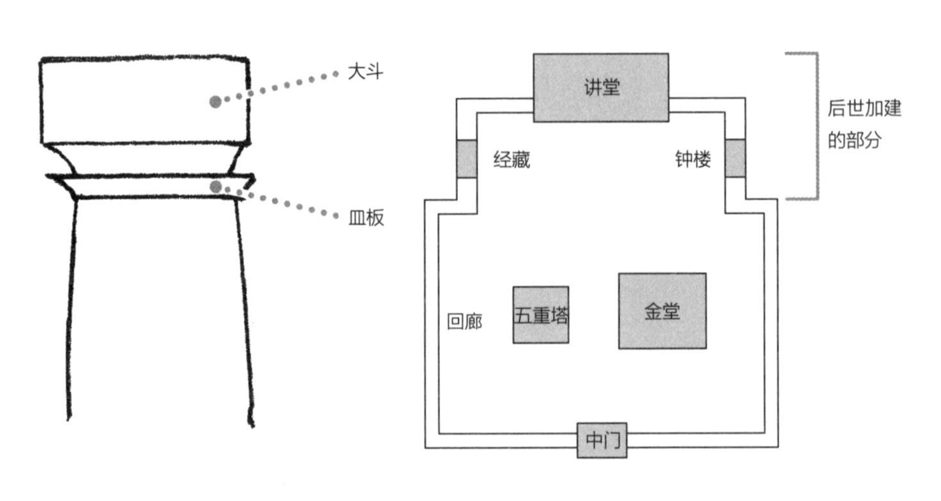


西院伽蓝布局图

## ●飞鸟时代的回廊

具有柱上安装皿斗、弯曲虹梁、合掌形叉手等特征。

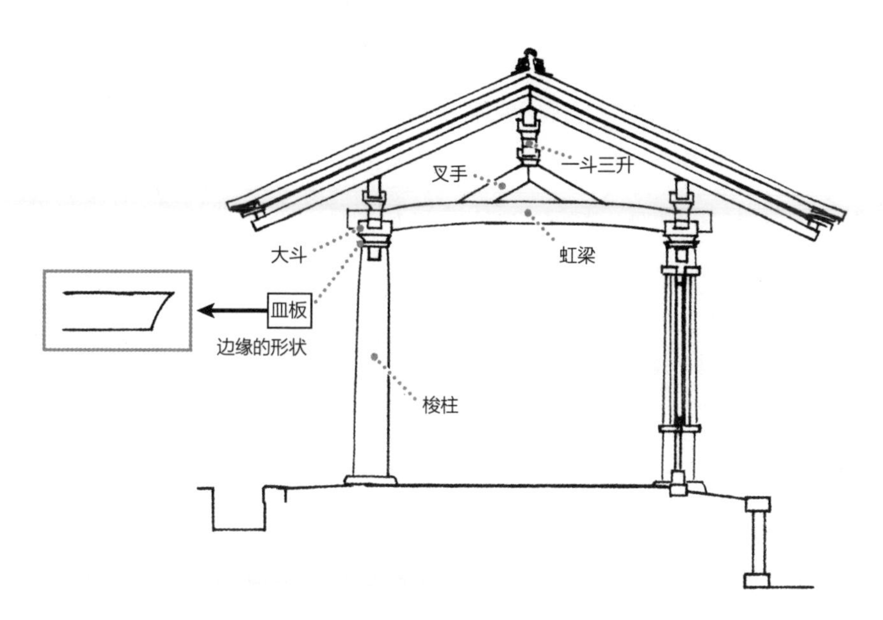


## ●北侧突出的部分（镰仓时代改建）

皿斗、虹梁、叉手斗和原本的形状不同。因正中加了蜀柱，所以不得不加粗虹梁的用材。

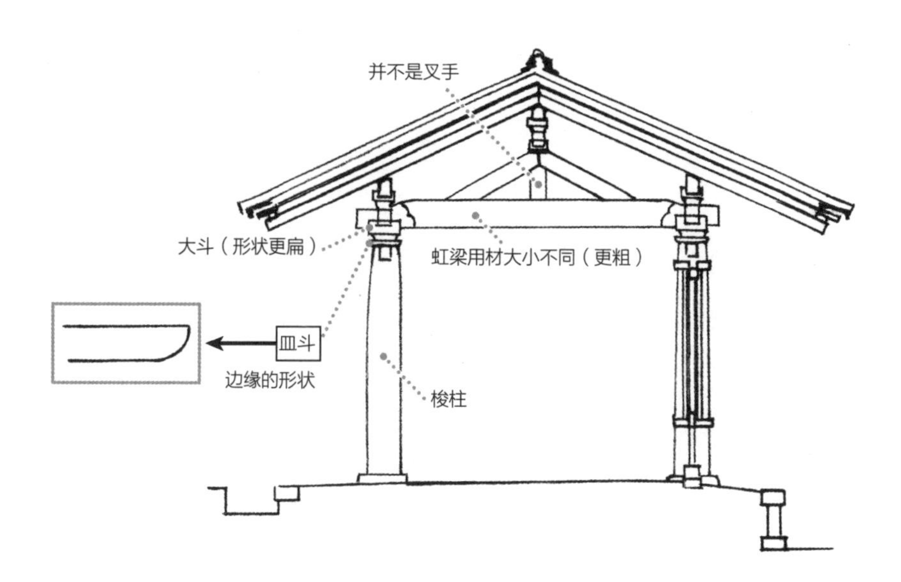

## ◆寺院布局的变迁——中心从塔变为金堂

神社篇中介绍了神社本殿的形式因为人的空间逐渐受重视而变化的情况，寺院中也存在同样原因造成的布局的变迁。

早期的寺院布局，以飞鸟寺、四天王寺为例，都以供奉佛舍利的塔为中心建筑，其他设施围绕着塔布置。法隆寺的布局则是金堂与塔并列布局；后来的药师寺干脆将塔分成两座，移出了寺院中轴线；直至兴福寺，金堂成为了寺院中心，塔则被排挤到了回廊之外。

具有精神性的佛塔，让位于金堂。此外，为僧侣修行、学习而建造的讲堂后来被布置在寺院中心的现象，也反映出“人本位”的思维变化。

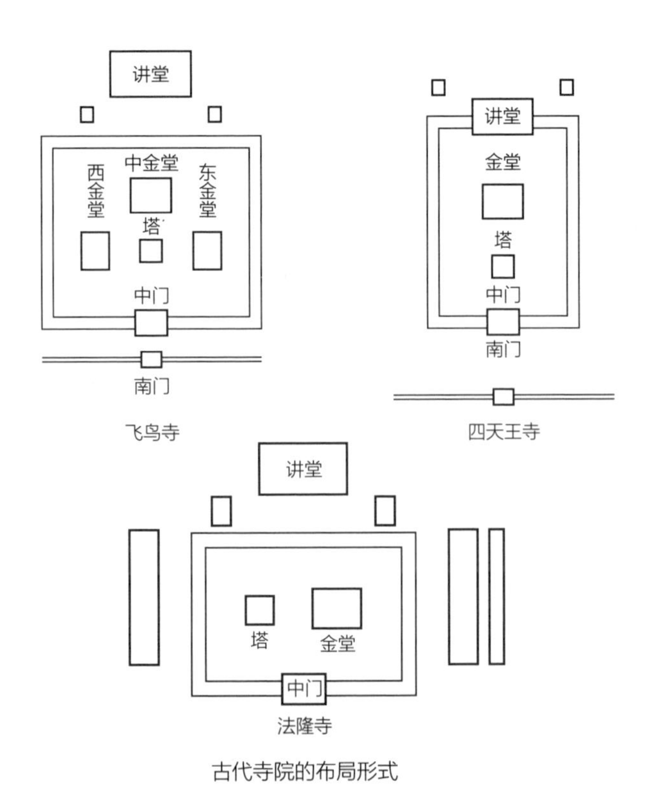


古代寺院的布局形式

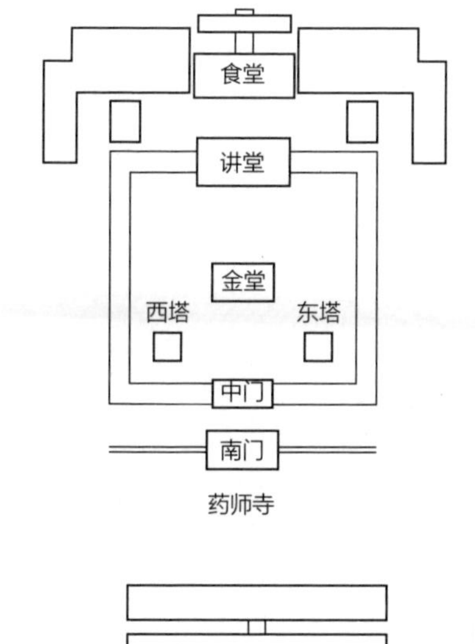

药师寺

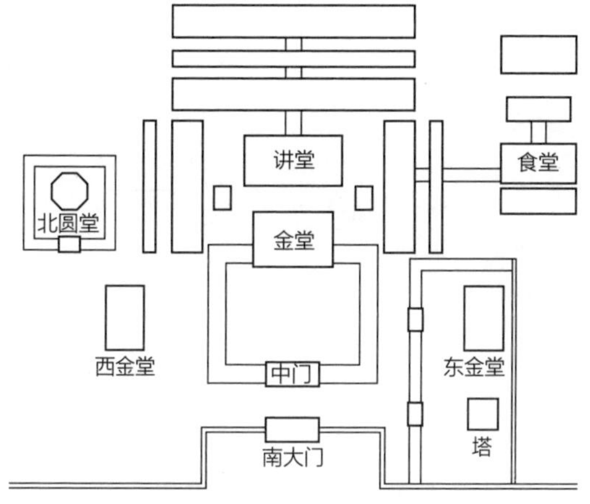

兴福寺

译者注

[25] 梭柱：中国建筑专有名词，指上下细中间粗的柱子。

[26] 副阶：中国建筑专有名词，指包在建筑主体周围的一圈廊。

[27] 一斗三升：大斗上置栱，栱上并列三个散斗的斗栱形式。

[28] 带皿板的大斗：只有飞鸟样式使用皿板，然而大佛样也将斗欹下方雕刻成类似的形状。

【寺院 2　和样】

# 兴福寺五重塔：
典型的出三跳斗栱

## 纯和样的建筑——五重塔

从近铁奈良站东口出发，穿过“东向商店街”再转向东前行，猿泽池的对面就是兴福寺的院墙了。仅次于东寺五重塔的日本第二高塔——兴福寺五重塔就矗立在寺院南侧。

兴福寺的前身是天智八年(868)藤原镰足的夫人镜女王建造的山阶寺，后被移至飞鸟，改称厩坂寺，迁都平城京时又被移建至此。历史上因战乱和灾害多次重建，明治维新灭佛时曾一度颓败，明治十四年（1881）有识之士戮力保护才得以留存至今。

现存兴福寺五重塔重建于室町时代，是一座纯和样的建筑。和样本身随历史发展即多有变化，因此就让我们用发展的眼光历数一下兴福寺五重塔的建筑特征吧。

要点

# “和样”也有多样的面孔

如前文所述，从朝鲜半岛和中国传入日本的建筑样式后来发展成了“和样”。虽然这些建筑被笼统地称为“和样”，然而奈良时代、平安时代、镰仓时代以后的和样却各有不同。

在历史迈入镰仓时代之前的治承四年（1180），平重衡讨伐南都，将东大寺付之一炬。重源和尚重建东大寺时，从中国输入了被称为“大佛样”的新建筑样式。为了与“大佛样”进行区分，才出现了“和样”的说法。

要梳理“和样”的变迁，有以下两个历史事件不容忽视。其一是宇多天皇在宽平六年（894）听从菅原道真的建议停止派遣遣唐使，其二是久安六年（1150）左右平清盛重新开始与南宋通商。其间长达 280 年的岁月，日本在官方层面一直处于锁国状态。事实上江户时代的锁国也不过 180 年，可知那一次锁国时间之久。在锁国期间，之前从中国传来的建筑、美术、工艺均迎合平安贵族的审美，向着优美、纤细的方向发生了变化。

然而，一旦进入武士时代，天平样式具有的豪迈美学在建筑领域再次受到青睐。室町时代 1426 年重建的兴福寺五重塔就反映了这种审美风尚的变化。当然，这种建筑样式并非天平样式的忠实再现，却能够使人联想到天平时代的豪迈情怀，因此被称作“镰仓样式”。

和样的发展

| 时代 | 代表作品 | 柱子和斗栱的特征 |
| --- | --- | --- |
| 弘仁、贞观时代（9 世纪） | 室生寺 | 柱上大斗形状纵长<br>柱身纤细 |
| 藤原时代（10—12 世纪） | 平等院、醍醐寺 | 歇山屋顶缩小 |
| 镰仓时代（13 世纪以后） | 兴福寺、三十三间堂 | 大斗近似正方形<br>柱身粗壮 |

## ●和样斗栱

具有代表性的和样斗栱（出一跳）。为了与大佛样区别，旧有的斗栱形式被定义为“和样”。

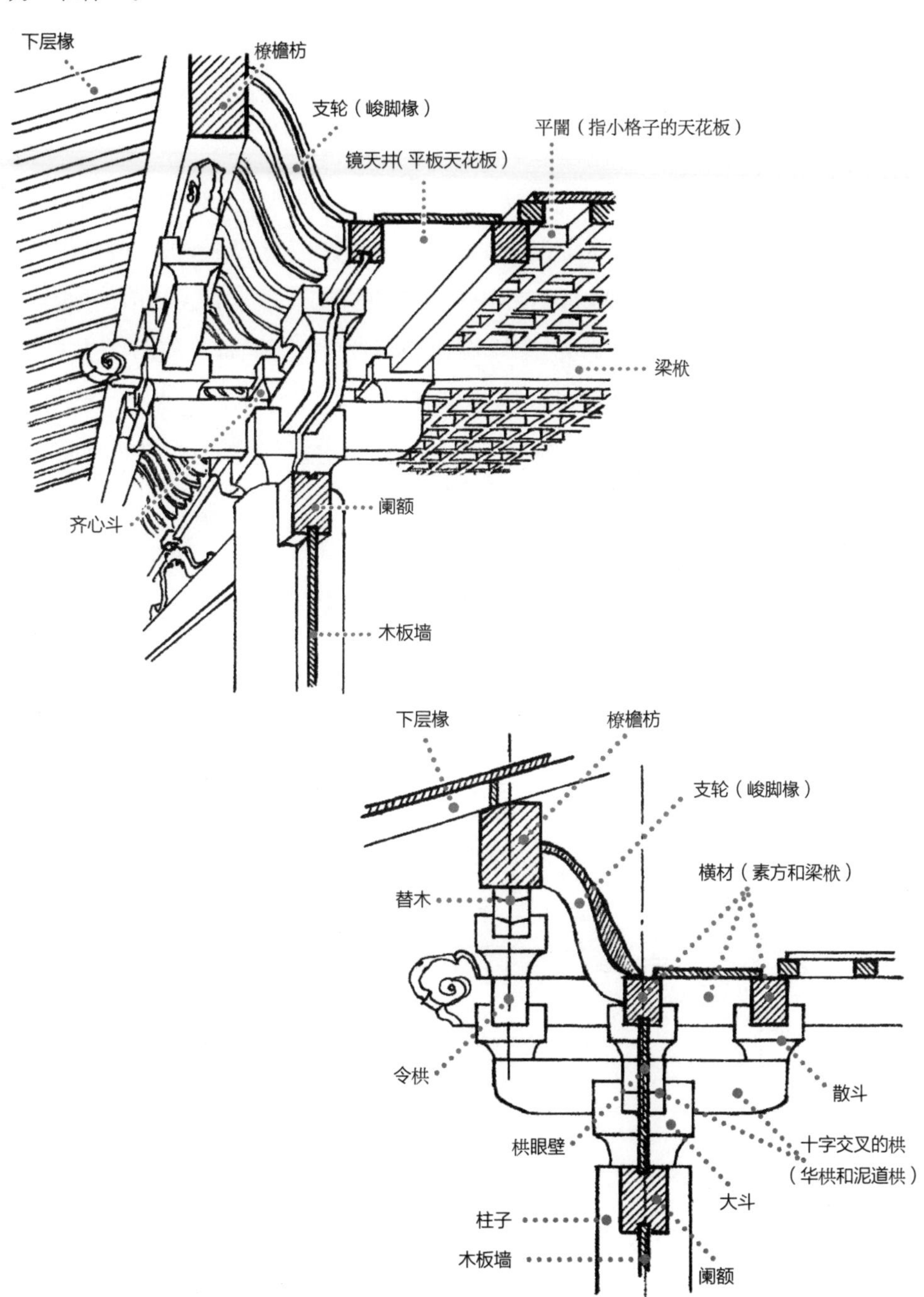

看点 1

# 柱头安装“斗栱”，梁上安装“蜀柱”和“驼峰”

兴福寺五重塔建造在花岗岩砌筑的台基上，各部分都采用纯粹的和样做法，用料粗壮十分坚实。和样特征体现在柱头的斗栱和连接柱梁的构件中。

和样建筑在柱头安装大斗，斗上置栱，形成“斗栱”。斗栱可以出两跳也可以出三跳，出三跳斗栱是日本高级寺院通常使用的形式 。兴福寺也使用了出三跳斗栱，下昂[29]出挑深远，昂头加粗且上扬，峻脚椽角度陡峭是中世以后的特征（平安时代以前的遮檐板角度更平缓）。此外，横向的斗和栱是一整根木料雕刻而成（跳头上的散斗除外），中央的齐心斗和两端散斗之间的栱眼其实是用石灰涂出的装饰。

柱子之间安装补间[30]装置，辅助支撑屋顶的荷载，被称为“间斗束”（蜀柱加小斗）的补间形式也是和样的特征之一。平安末期以后的建筑中，补间更多使用状如蹲踞青蛙腿的“蟇股”（蟇：同“蟆”，即青蛙）。

柱头斗栱与补间装置的组合，正是和样建筑最重要的看点，也是各寺院彰显特色的部分，值得特别关注。

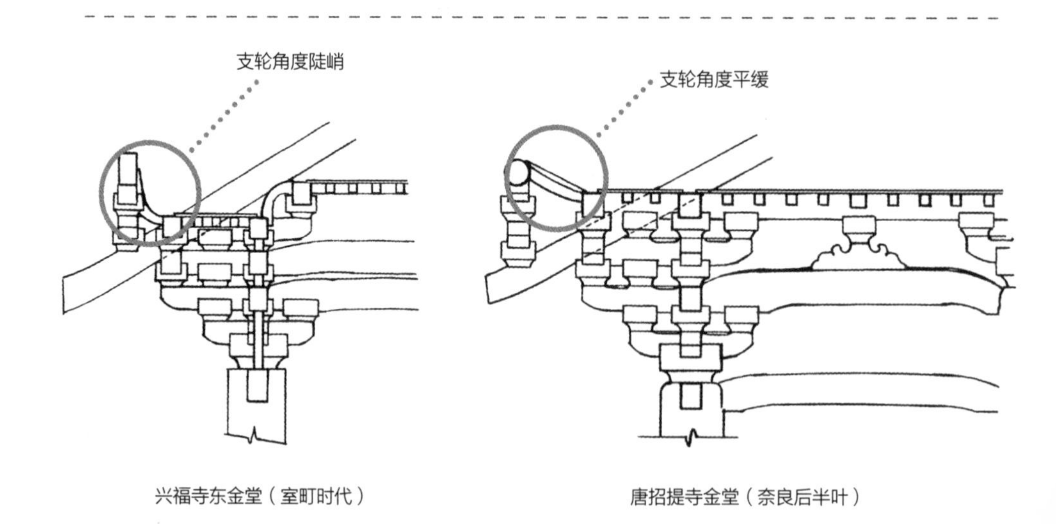


兴福寺东金堂（室町时代）

唐招提寺金堂（奈良后半叶）

支轮（峻脚椽）角度比较

## ●常见的和样出三跳斗栱

“出三跳斗栱”是高等级寺院的象征。补间使用蜀柱或驼峰是和样的特征。

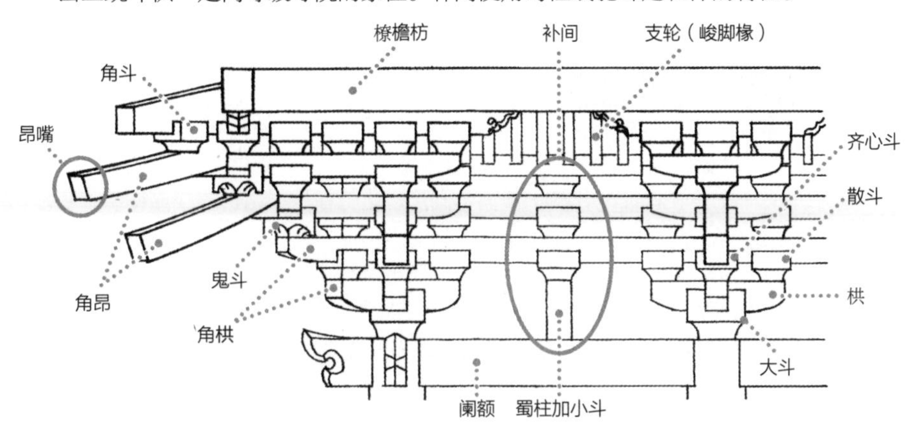


## ●花岗岩砌筑和乱石砌筑的台基

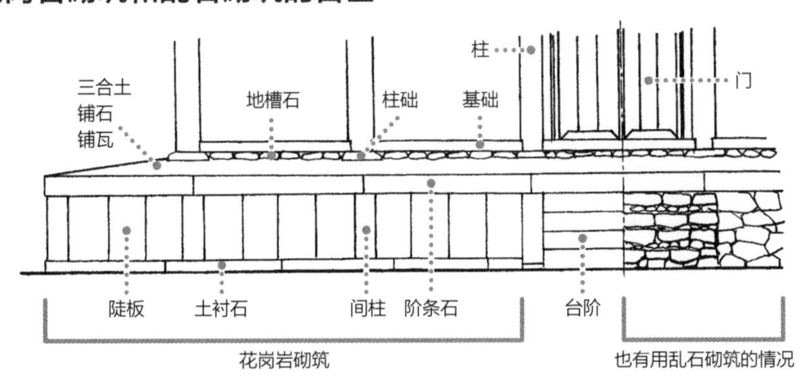


## ●常用作补间的构件

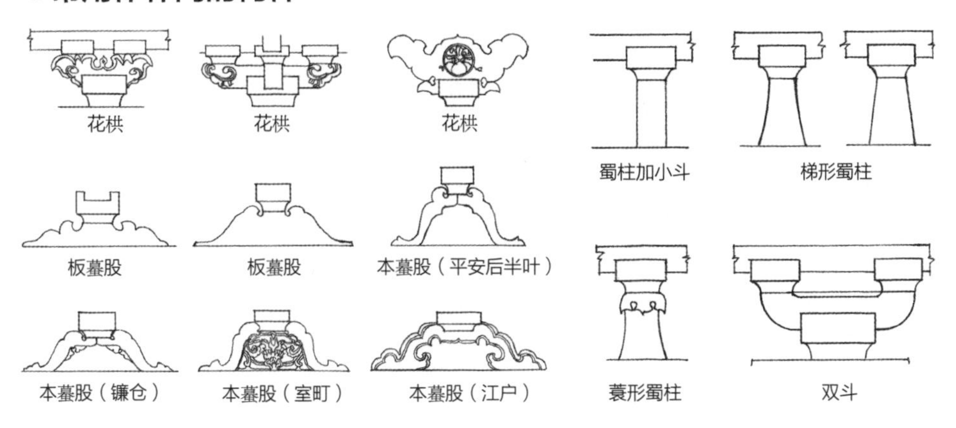

看点 2

# 用“长押”连接柱子

和样的另一个重要特征是，柱子截面为圆形，用钉在柱子两边的横向构件“长押”连接在一起。如果是大佛样或禅宗样，就会在柱身开洞使用穿枋而不是长押来连接柱子。除和样的寺院建筑之外，长押也常被用在书院和神社中，被认为是适应多地震的日本而发展出的构件。根据使用位置的不同，长押又可以分为地栿长押、腰长押、内法长押等。

看兴福寺五重塔的第一层就可以了解长押的用法。靠近台基的是地长押，安装在直棱窗下方遇到门就断开的是腰长押，在门窗上方环绕一周的是内法长押。柱头处贯穿柱身的横向构件是阑额，上面铺设的普拍枋在天平样式中还未出现，因此是后世和样的特征。

醍醐寺五重塔等平安时代的塔，建筑的高宽比例较小，因此形态十分稳健，而兴福寺五重塔的高宽比大，导致造型略有不稳定感也是日本中世建筑的特征之一。

然而不容否认，因为顶层屋面坡度较陡造成的厚重观感，使得兴福寺五重塔在室町时代的佛塔中更具沉稳的古风。

### ◆天平样式与镰仓样式

相比以唐招提寺金堂为代表的天平样式，以兴福寺五重塔为代表的镰仓样式在昂头的加粗上扬、使用普拍枋、屋架内的“草架椽”等细节上进行了许多改良。镰仓样式的代表作还有兴福寺北圆堂、兴福寺三重塔、莲华王院三十三间堂。

## ●柱子和长押

钉在柱子两侧的长押是和样的特征。

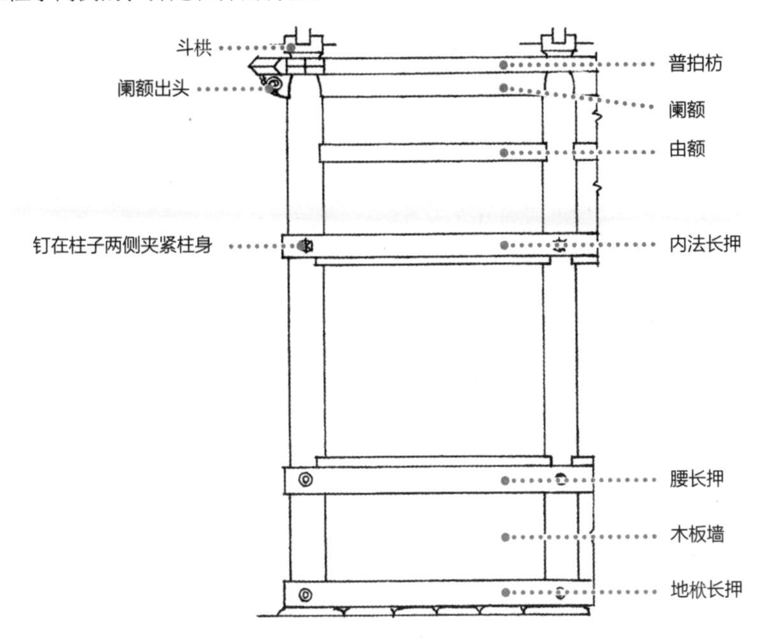


## ●兴福寺五重塔的第一层

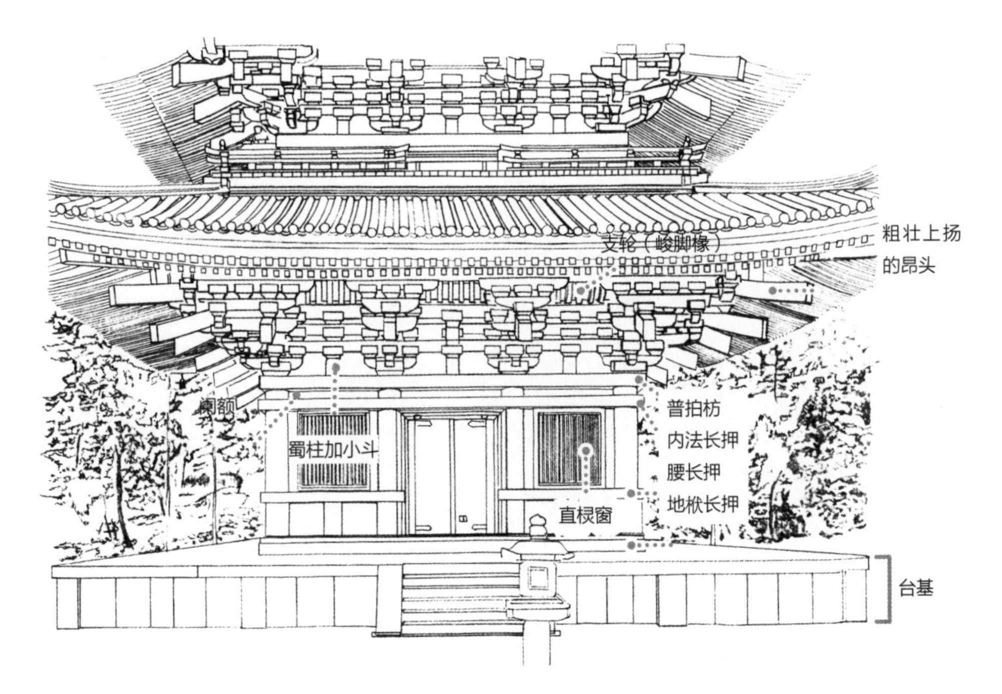

看点 3

# 椽子和“草屋架”

接下来把目光移向屋檐以上的部分。根据檐下椽子的形式，可以判断建筑的样式和时代。

兴福寺五重塔的屋檐即是所谓的双重椽，铺设有两层椽子。法隆寺金堂、四天王寺金堂等飞鸟时代的建筑都为单层椽，天平时代以后的和样建筑开始使用双层椽，兴福寺五重塔即反映了这样的趋势。此外，以兴福寺北园堂为例，也存在三层椽的建筑。

双层椽中，上层椽又被称为“飞子”。下层为圆椽，上层飞子为方椽的所谓“地圆飞角”是较普遍的形式。然而兴福寺五重塔的下层椽并不是正圆形，而是圆角方形。

与法隆寺建筑相同，兴福寺五重塔转角部位也使用平行椽，结构性能较弱。但是，法隆寺建筑使用平行椽的结构弱点，在兴福寺五重塔中因为使用了“草屋架”得到了解决，甚至可以说即使使用了双层椽，然而它们在结构上并无用处。“草屋架”是指在装饰椽（包含下层椽和飞子）上方另外设置“草架椽”（结构椽）支撑屋顶的做法，是为了适应多地震的日本在平安时代发明出来的。伴随着草屋架的使用，一方面装饰椽的形式获得了极大的自由度，另一方面可以加大屋面的倾斜度来提高排水性能。

### ◆深远出檐的支撑构件——桔木

桔木是在装饰椽和草架椽中间加入的粗大构件，发明于镰仓末年到室町时代。与昂类似，桔木通过杠杆原理挑起厚重的屋檐，为日本建筑的深远出檐多有贡献。

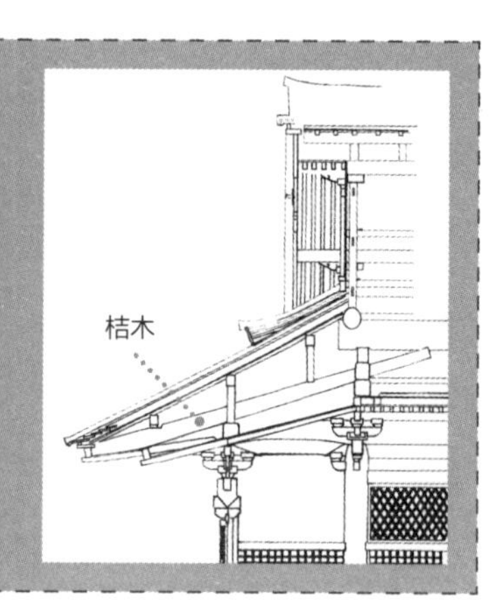

## ●双层椽的构成

一般来说下层椽呈圆形，飞子呈方形符合“地圆飞角”原则，但也有例外的情况。

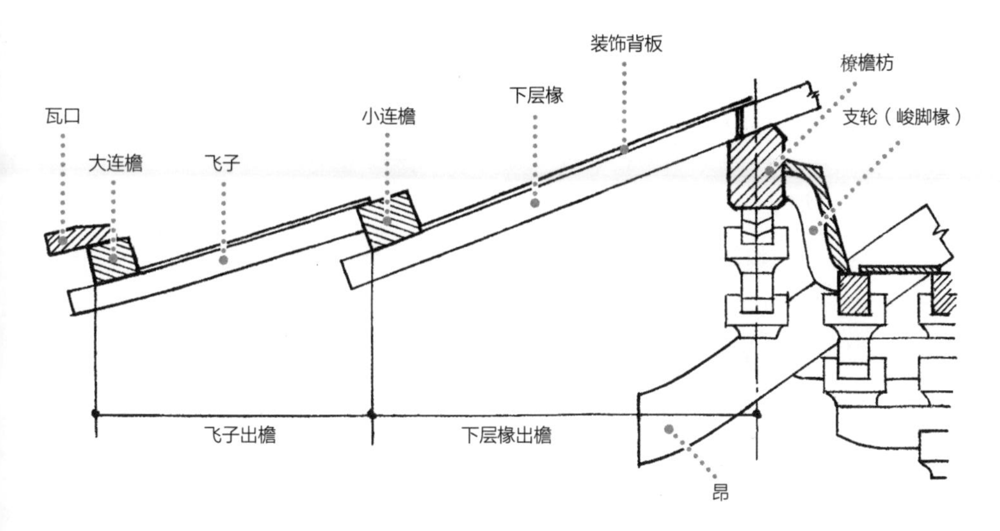


## ●使用草屋架的实例（平等院凤凰堂）

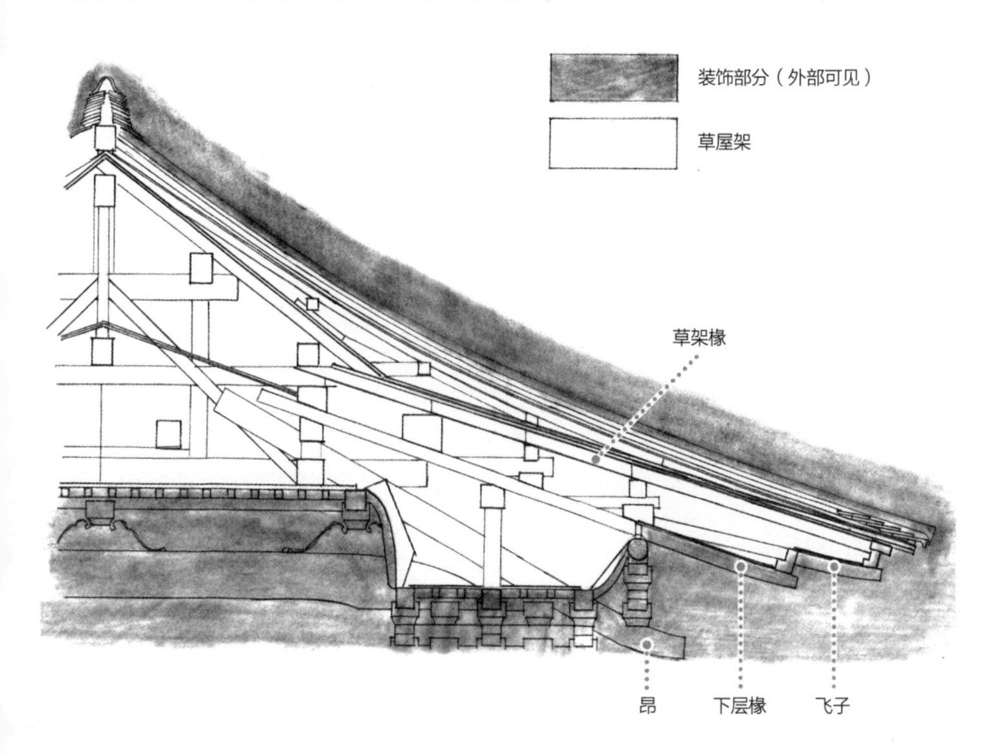

## ◆平安时代和样建筑的发展

和样建筑的整体发展过程大致如前文的介绍。在平安时代，出现了个性鲜明的和样建筑，用以体现密宗和净土宗等宗派教义。还有一些和样的发展与镰仓时代以后的本堂建筑形式有关。

**醍醐寺（京都市伏见区）**

真言宗醍醐派的总本山，包括位于醍醐山顶的上醍醐和位于山麓的下醍醐。上醍醐零星分布于山间的建筑反映出典型的密宗寺院布局特征。

下醍醐五重塔的斗栱被高度评价为出三跳斗栱的完成形态。塔身自下而上的递减率非常协调，甚至被誉为日本形态最优美的五重塔。塔内遍施彩绘，有可能受到了平等院凤凰堂内部彩绘的影响。下醍醐的另一座建筑，建造于平安时代后期的醍醐寺金堂（从和歌山县汤浅移建至此），宽敞的内阵和狭窄的外阵泾渭分明，被认为是镰仓本堂建筑形式的雏形。

**平等院凤凰堂**

其位于藤原氏的领地，由藤原赖通建造。屋顶如翼高飞，屋脊两端一对青铜凤凰相向而立。为了让人们观赏这座建筑时可以联想到西方极乐净土，凤凰堂和佛像均坐西向东。堂东侧水池上不设桥的处理手法，是为了强调现世与净土之间的距离。这座建筑是将佛教信仰用建筑语言具象化的典型代表。

斗栱为出三跳，檐下椽子符合“地圆飞角”，补间使用蜀柱加小斗，均为传统和样建筑要素。然而，凤凰堂在屋架中使用了“草屋架”，是为平安时代的特征。

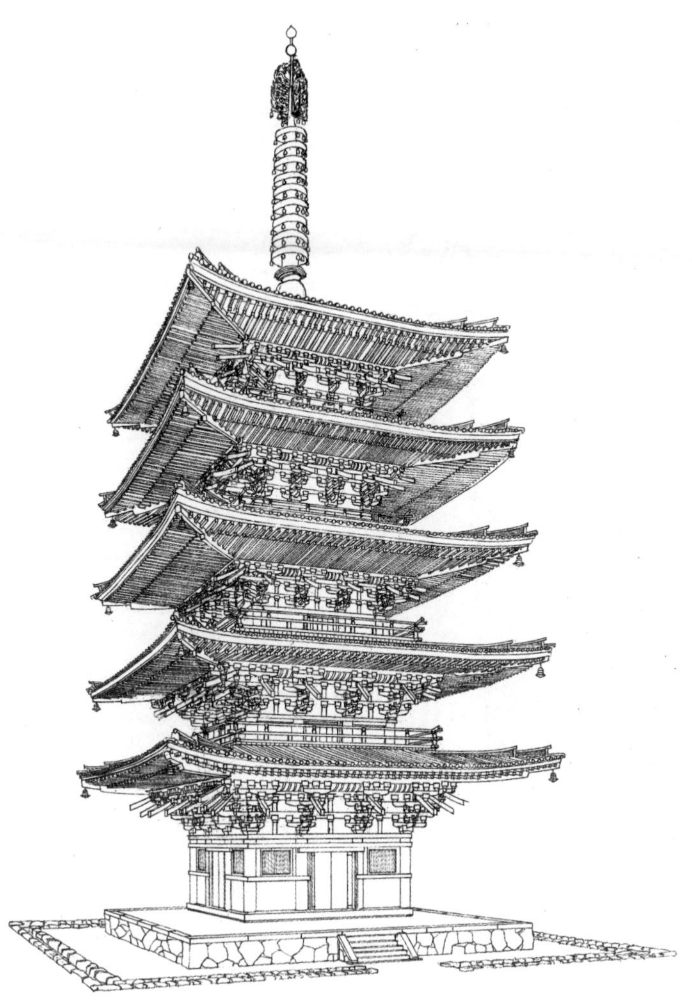

醍醐寺五重塔

译者注

[29] 下昂：斗栱中斜伸向下出跳的构件。

[30] 补间：在柱子之间斗栱的部位称为“补间”。

【寺院 3　大佛样】

# 东大寺南大门和大佛殿：

## 插栱彰显的力量感

## 大佛样的东大寺南大门和大佛殿

从近铁奈良站东口出发，经过县政府前的大路继续向东，在大佛殿交叉路口转而北上，就可以看到东大寺的南大门。穿过南大门后，右边是东塔院，左边是西塔院，继续前行来到中门，坐拥金堂（大佛殿）、正仓院等著名建筑的东大寺宏伟伽蓝即在面前铺展开来。

天平十六年（743）圣武天皇颁布“卢舍那佛造显之诏”，启动了东大寺建设工程，延历二十年（801）基本完成。其后，几度经历兵火战乱，经镰仓时代和江户时代两次重建，才有了现在的东大寺。

东大寺建筑的看点，首当其冲的自然是南大门和大佛殿所代表的大佛样建筑样式。接下来，让我们一窥大佛样的特色。

要点

# 传承了纯大佛样的南大门

在解读大佛样特征之前，先来梳理一下东大寺重建的历史。

天平时代由圣武天皇下诏建造的东大寺，到平安时代完成时是标准的和样寺院。与邻近的兴福寺相比，东大寺甚少兵灾，基本保持了初创时的模样。直至治承四年（1180），巨大的寺院悉毁于南都烧讨的战火后，僧人重源被任命为“大劝进”，负责推进东大寺重建事业。建久元年（1190）大佛殿重建完成，建永元年（1206）重源圆寂后，僧人荣西继承其事业，继续完成东大寺的重建。以这次重建为契机传入日本的新建筑样式就是大佛样，被认为是以重源在中国浙江省附近见到的汉代建筑样式为基础改造而成 。东大寺现存建筑中，能够确认是重源建造的大佛样建筑就只剩这一座南大门。

东大寺重建后，又经历室町、战国时代的数次火灾，在永禄十年（1567）的三好松永之乱中，以大佛殿为首的多座建筑被烧毁。这一次罹灾后，直至宝永二年（1705），僧人公庆才将大佛殿重建起来。而后，在明治的排佛运动中大佛殿受到损坏，明治四十年（1907）实施维修才得以保存至今。

镰仓时代重建的大佛殿沿袭了和样大佛殿的规模，而江户时代重建时，因财力有限将 11 开间缩小为 7 开间，建筑样式上也混合了大佛样和其他诸多建筑样式的要素。

东大寺与大佛殿大事记

| | |
|---|---|
| 天平十五年（743） | 圣武天皇下诏建造大佛 |
| 平安时代初期 | 东大寺完成（和样） |
| 治承四年（1180） | 寺院在战火中烧毁，俊乘坊重源被任命为大劝进主持重建工程 |
| 建久元年（1190） | 大佛殿完成（大佛样） |
| 建久五年（1194） | 重源建造净土寺（大佛样） |
| 建永元年（1206） | 重源圆寂后，荣西继承重建事业 |
| 永禄十年（1567） | 大佛殿和多座殿宇在战火中被毁 |
| 宝永二年（1705） | 龙松院公庆重建大佛殿（规模缩小），并混入了大佛样之外的样式 |

## ●东大寺中现存的重源建造的唯一的大佛样建筑——南大门

重源建造的另一座纯大佛样建筑是净土寺净土堂。

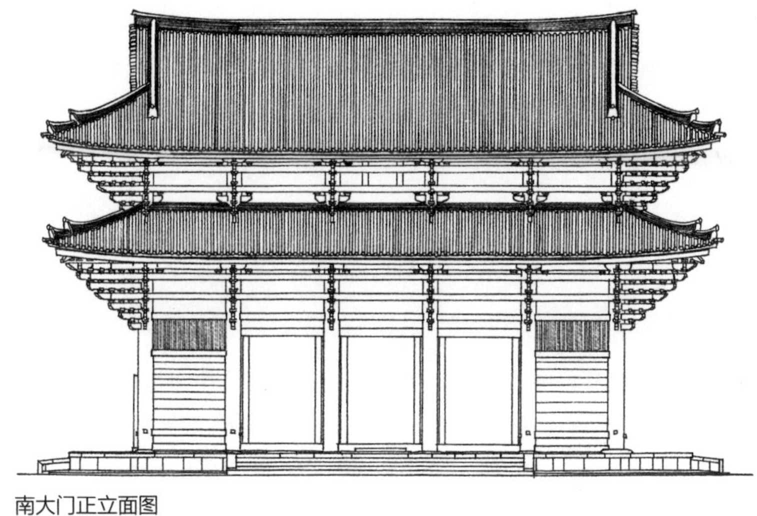

南大门正立面图

## ●混用了大佛样之外建筑样式的大佛殿

江户时代重建时，混入了“看点 3”中介绍的异质的建筑要素。

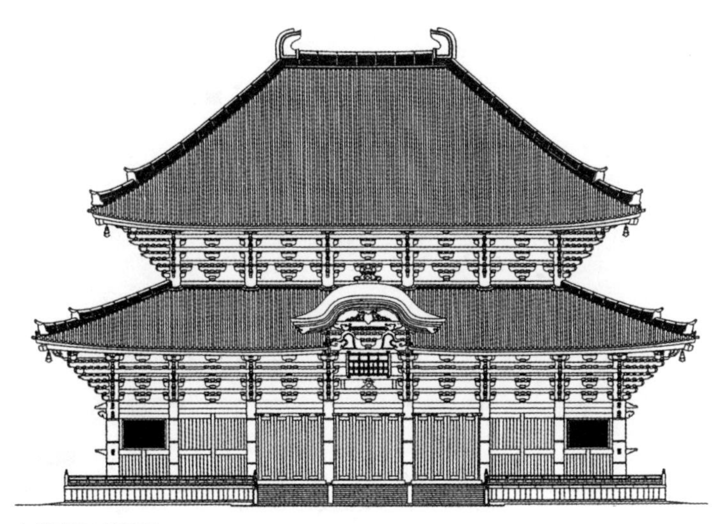

大佛殿正立面图

看点 1

## 柱身开洞安装穿枋和插栱

东大寺中纯大佛样的建筑只有南大门，下文就以南大门为中心做一导览。

大佛样因其充满力量感而闻名，但或许因为这种粗犷的风格无法为日本人的审美习惯所接受，所以纯大佛样未能广泛流传。然而，大佛样建筑具有结构合理、高度规格化的特征，故而具有节省木料、建造效率高可以短时间内完成大规模建筑等优点。由于大佛样不施天花板，下文列举的大佛样特征都可以直接观察到。

和样建筑通常用长押连接柱子，而后在柱头安装复杂的斗栱来支撑屋顶。与之不同，大佛样使用下端直径达 1 米，顶端直径也有 85 厘米粗的立柱，柱身开洞，贯穿横枋，并安装层层插栱以支撑深远的出檐。要头（水平构件的先端部分）通常施以曲线雕刻，这一细部特征被后世的各种建筑样式吸收成为要头雕刻形式的一种。此外，柱子上方架设着两根截面几乎为圆形的虹梁，下方的大虹梁和上方的小虹梁之间安装三个驼峰，再在其上立蜀柱支撑脊檩。

现存的纯大佛样建筑只剩这座南大门和兵库县小野市的净土寺净土堂，镰仓时代重建的大佛殿也曾体现了大佛样的主要特征。

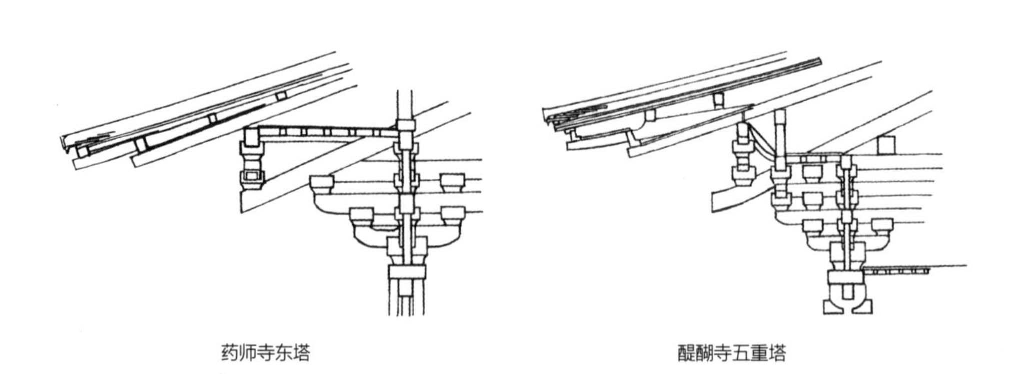

药师寺东塔

醍醐寺五重塔

和样出三跳斗栱

# ●彰显大佛样特征的插栱

插栱与斗层层叠加，形成深远的出跳。

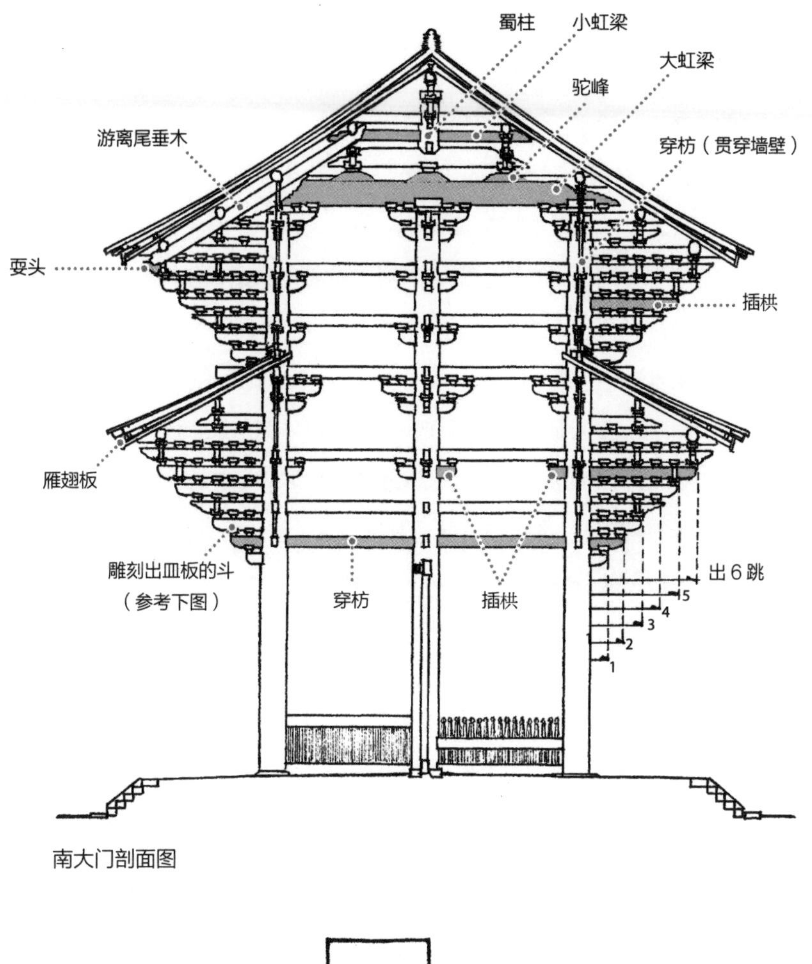


南大门剖面图

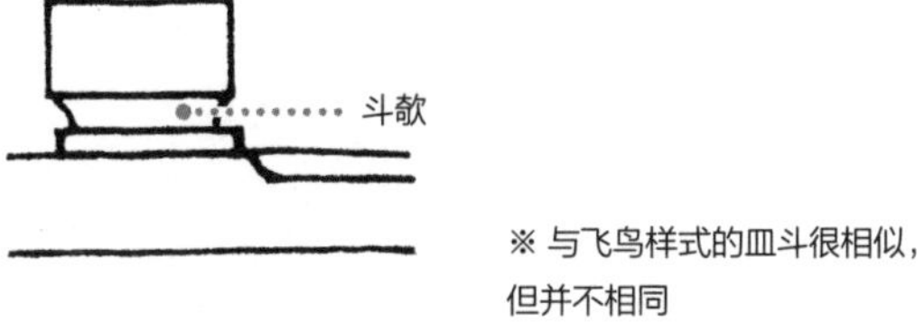


雕刻皿板的斗（大佛样）

看点 2

# 椽子的使用方式与和样建筑不同

东大寺南大门有上下两重屋檐，乍看会以为是两层的建筑，但事实上称之为“带腰檐的单层门”更为妥当。作为一栋面阔五间、进深两间的大规模建筑，若要支撑巨大的铺满筒瓦的歇山屋顶，除了上文介绍的横向穿枋外，还需要运用许多建造技艺，以下就针对支撑屋檐的斜向构件做一介绍。

南大门使用了笔直木料、方形断面的单层椽。大佛样中斜向构件的特征，首先是昂的位置与和样不同。昂是借助杠杆原理，利用建筑内部屋顶的重量挑起屋檐的斜向构件。和样只在柱头斗栱中使用昂，大佛样则在柱子之间，即补间的位置用昂。大佛样的昂又被称为“游离尾垂木”，在南大门上层屋檐下面即可以见到。

大佛样檐下还有一项特征，就是只在屋檐的转角局部铺设了放射状椽子，而非在整个檐下使用放射状的“扇形椽”，因此大佛样的这种形式又被称为“角部扇形椽”。恰恰表明了大佛样并非将椽子延伸至内部承担屋顶重量，而只将其作为装饰用在角部。

另外，南大门上下檐都在椽子外侧安装了保护椽头的遮檐板，也是大佛样的特征之一。

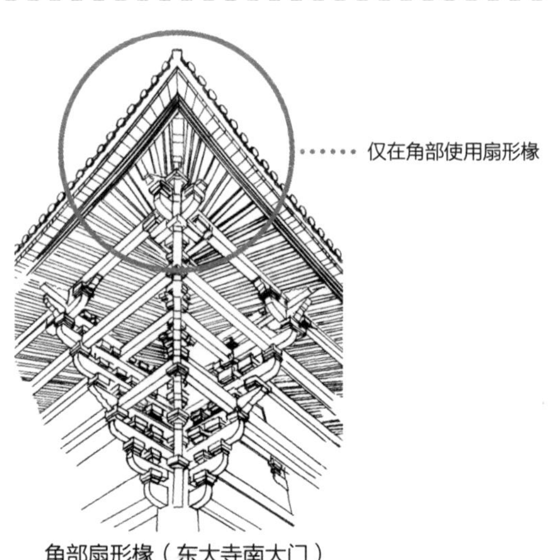


角部扇形椽（东大寺南大门）

# ●游离尾垂木

与和样建筑不同，大佛样在柱间使用昂。

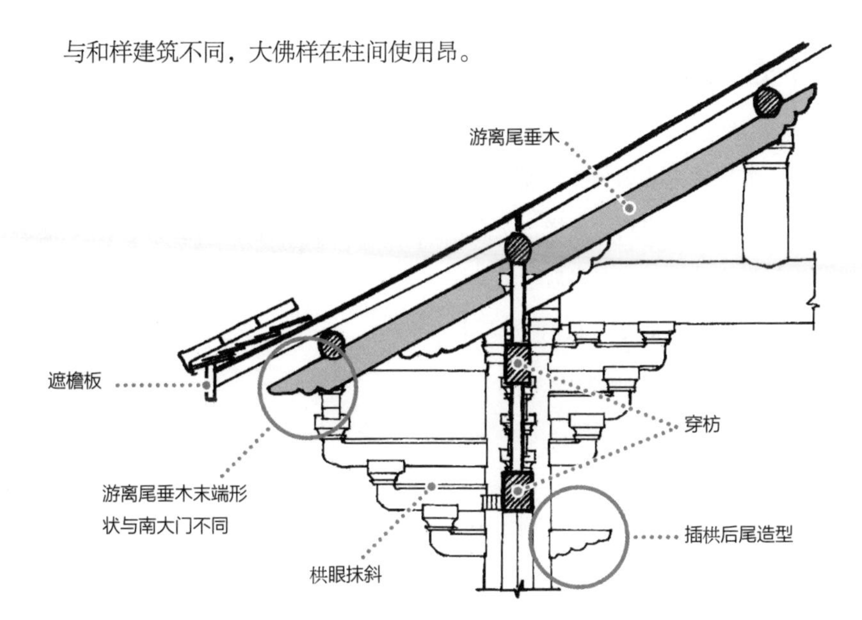


净土寺净土堂

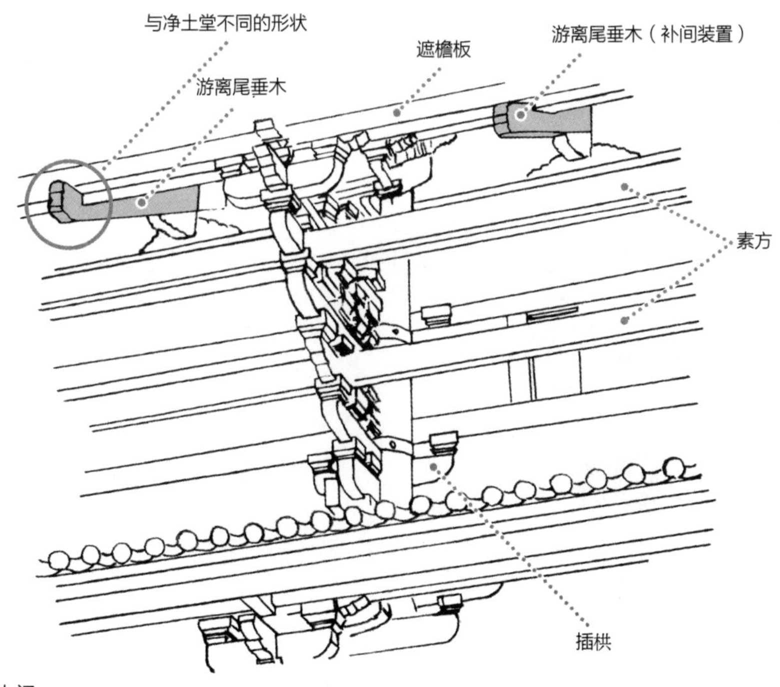


东大寺南大门

看点 3

# 大佛殿不是纯大佛样

如前所述，初创的大佛殿为和样建筑，镰仓时代重建时延续了原本的规模，但江户时代的重建缩小了规模。提到大佛样，人们会想当然地以为大佛殿就是其代表，然而事实上今天的大佛殿中被混入了许多后世的做法。关于大佛样的特征请参照上一节，本节将着重介绍江户时代以后加入的其他样式要素。

●下檐正面中央的一间加设了唐破风。

●穿枋出头被制作成了禅宗样。大佛样的穿枋出头为三段，而禅宗样出头则作云形，值得特别注意。

●大佛样原本不加天花板，而大佛殿内部安装了在格子龙骨上铺天花板的所谓“格天井”，周围的格天井比中央三间低一级。

●大佛样在柱间部分使用游离尾垂木，而大佛殿使用了一斗三升。

由于纯大佛样并未得到普及，时至江户时代，融合了多种样式的“折中样”已经非常普遍，这些细部可以看作是希望复原镰仓时代大佛样的设计意图在现场工匠所掌握的建筑技艺面前妥协的结果。

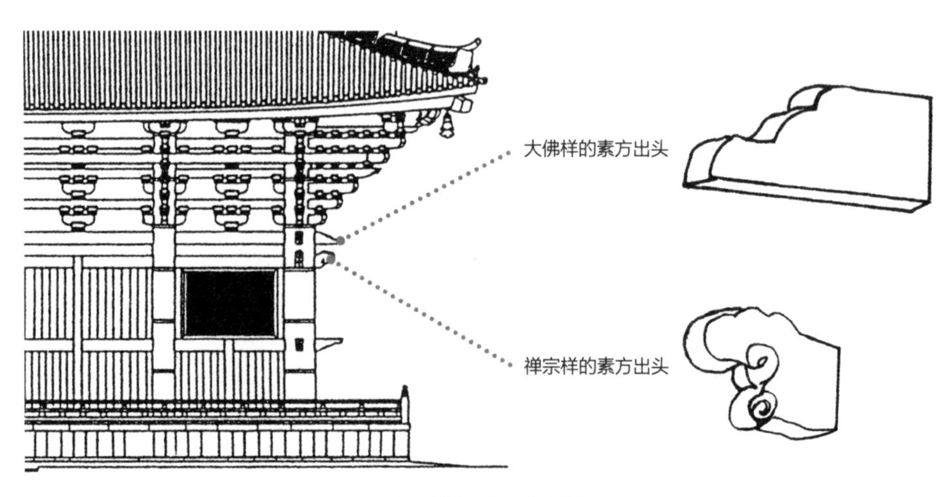


大佛殿素方出头的种类

## ●大佛殿的补间

在大佛样应该使用游离尾垂木的位置安装了一斗三升。

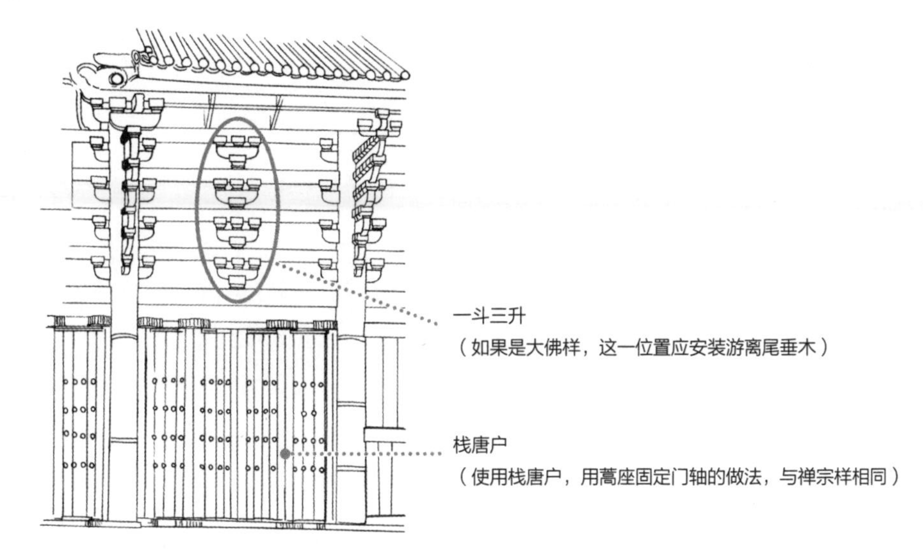


## ●大佛殿的格天井

大佛样本来不加天花板，大佛殿内却全部安装了格天井。

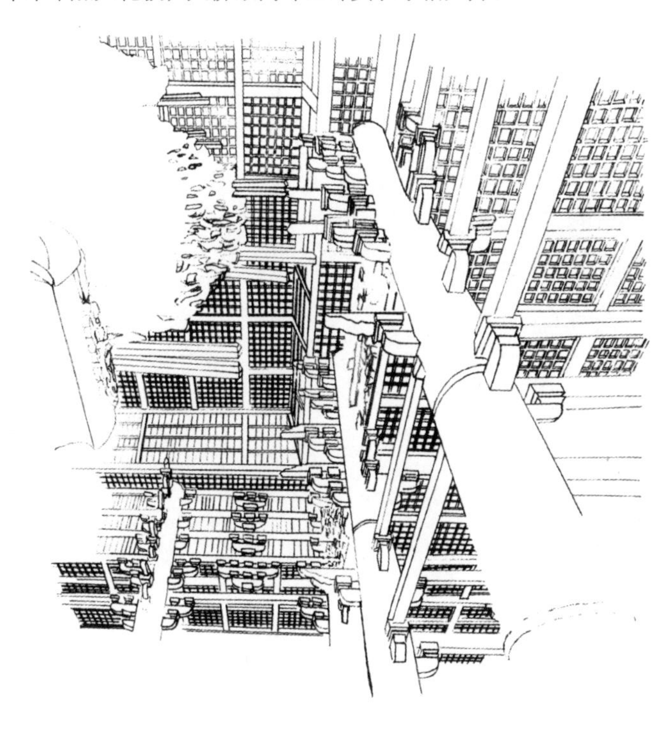

## ◆传承纯大佛样的净土寺净土堂

重源带来日本的纯大佛样建筑样式，传承至今的就只有东大寺南大门和兵库县小野市的净土寺净土堂。这座净土寺，是重源在东大寺重建工程告一段落时以播磨僧官的身份建造的寺院。净土堂被认为完成于建久五年（1194）。

净土堂位于整个寺院的西部，面东而立，方三间，单层筒瓦屋顶。其中，插栱、游离尾垂木等大佛样特征与东大寺南大门相同，但也具有如下特别之处。

●南大门的斗栱，斗上下对齐，而净土堂的斗则错落布局。

●净土堂的栱在栱眼部分有抹出的斜面。

●净土堂的角部扇形椽伸入建筑内部直达下平槫（离檐柱最近的一根檩条），而南大门的角部扇形椽不越檐柱一线。

●净土堂游离尾垂木的端头造型与南大门不同。

重建东大寺时，推崇新样式的重源与恪守传统的南都工匠集团之间曾有过争执，导致重源的设想在东大寺建筑中有所妥协，而净土寺则是完全按照重源的意愿修建而成，两座建筑之间的差异正由此而来。

另外，夕阳西下时，从净土堂西面的格子窗透进来的落日余晖，恰好成为阿弥陀如来、观音菩萨、大势至菩萨三尊像的背光，也是净土寺闻名的一景。

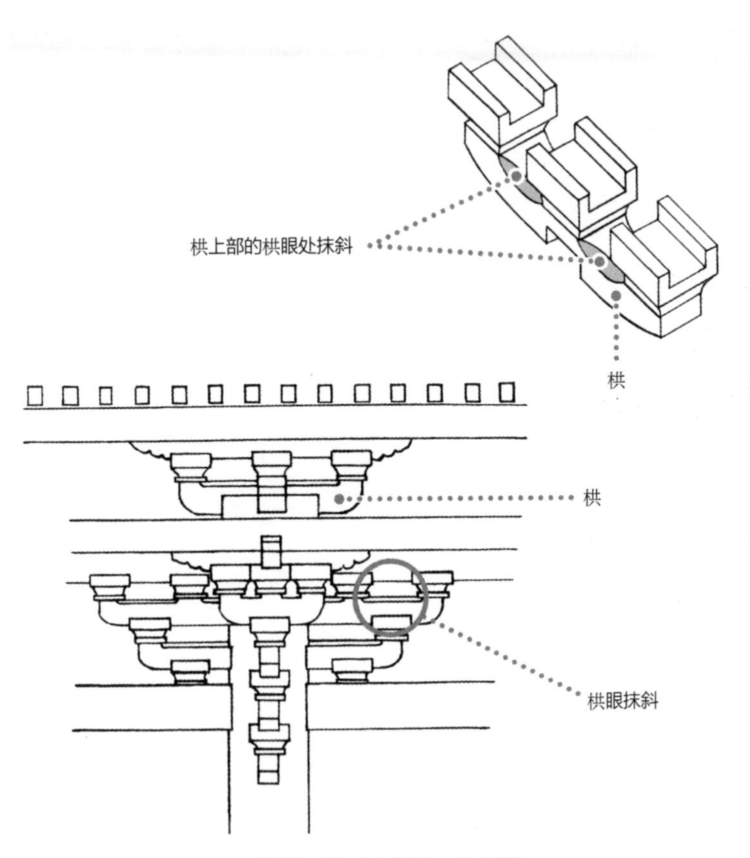


错落布置的斗栱（净土寺净土堂）

【寺院 4　禅宗样】

# 大德寺三门、佛殿、法堂：

随处可见的曲线与密集的斗拱

## 禅宗样的范本——大德寺

大德寺位于京都市北区紫野，是临济宗大德寺派的大本山，从地铁北大路站出来乘公交很快就可以到达。

当初宗峰妙超（兴禅大灯国师）在紫野结庐，号为大德，正是这座寺院的由来。嘉历元年（1326）建造法堂，宗峰妙超登坛传法，自此大德寺正式开山。

大德寺历史上也曾一度衰落，一休宗纯和附近的富商们复兴了寺院。文明十年（1478）建造方丈，翌年新法堂落成。其后，大德寺渐渐开拓出了一条融合了禅茶修行的独特路线。

禅宗样建筑中虽然有比大德寺更古老的建筑，但大德寺作为均衡而有序的禅宗样建筑实物，更有助于我们理解这一样式。接下来就让我们顺次参观大德寺的三门、佛殿、法堂，来了解禅宗样建筑的特征吧。

要点

# 从宋朝传入日本的当时最先进的建筑技术

禅宗样后来又被称作“唐样”，与大佛样同时，是镰仓时代初期从中国的宋朝传入日本的建筑样式。因其竭力模仿当时的发达国家宋王朝的建筑样式，又被称为“宋式”。也有人认为当时恰逢日本国内大木料短缺的时代，因此木结构用料纤细的禅宗样得以借机流行。

将禅宗样带来日本的是僧人明庵荣西，荣西于仁安三年（1168）入宋访学，建久二年（1191）回到日本。与负责重建东大寺的重源以输入大陆建筑样式为目的不同，荣西的目的事实上在于将禅宗带回日本，只是顺便也带回了禅宗样建筑。然而相比大佛样的惨淡结局，禅宗样为后世所继承，在时代变迁中也基本保持了最初的样式。

荣西一生建造了许多寺院，在其传教初期，禅宗未能被日本社会很快接受，因此禅宗样建筑也没能以纯粹的姿态呈现。至迟在建仁寺之后，禅宗寺院开始建造纯禅宗样的建筑。

现存禅宗样中，建造于镰仓末期元应二年（1320）的功山寺佛殿（山口县）最古老，其次是被认为建造于室町时代前期的永保寺开山堂和观音堂（岐阜县），以及安土桃山时代的正福寺地藏堂（东京都）和同时期的圆觉寺舍利殿（神奈川县）等。

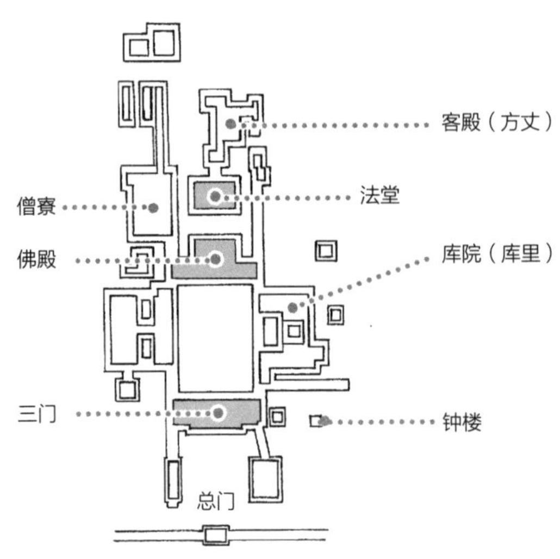


禅宗寺院的布局：三门、佛殿、法堂呈直线排列为基本定式。大德寺也采用这种布局形式。

以建长寺为例

## ●禅宗样佛殿

强调屋顶曲线的造型和檐下密集的斗栱是禅宗样的特征。

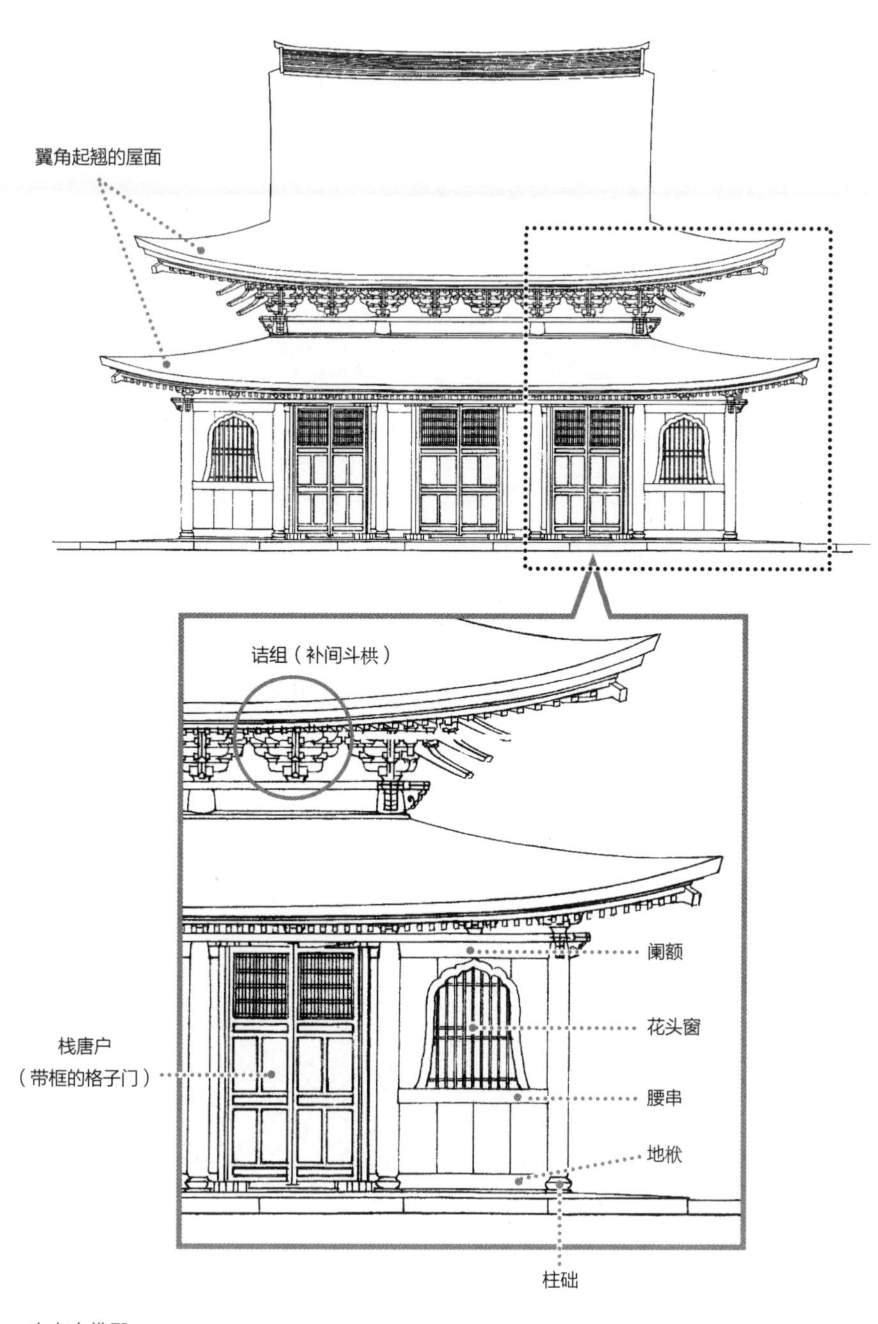


功山寺佛殿

看点 1

## 纤细的梁柱和檐下密集的斗栱

禅宗样的特征，首先是令人印象深刻的纤细的梁柱，以及整体而言随处可见的曲线造型。其次，柱子和屋顶之间的斗栱，以及天花板和地板等也都具有与和样建筑不同的特征。下面首先针对柱子周围的情况作一介绍。

台基上铺设正方形的礤石和圆形的柱础，其上立柱。柱身为圆形，上下均有收分。柱子之间用与大佛样相同的穿枋贯穿连接（自下而上依次为地栿、腰串、由额、阑额），靠近柱头的阑额上方还有有普拍枋。

和样或大佛样都在柱头上安装斗栱支撑屋檐，而禅宗样不仅在柱头，也在柱间安装斗栱（补间斗栱），所以又被称为“诘组” 。

从外部看，禅宗样的木构件不施彩绘，仅在椽子等构件的截面处涂以石灰，而进入内部后却遍装彩绘极其富丽，这种内外风格的差别也是禅宗样的特色之一。

另外，柱间安装的门扇，也不再是传统的平整板门而是加了框的格子门，被称为“栈唐户” ，上下安装有“蒿座”用来固定门轴。天花板也不似格子天花板一样做细小分割，而是用许多枚木板拼接成平滑的“镜天井”。地板非木地板，而是铺设成 45 度斜向的地砖，被称为“四半瓦敷” 。

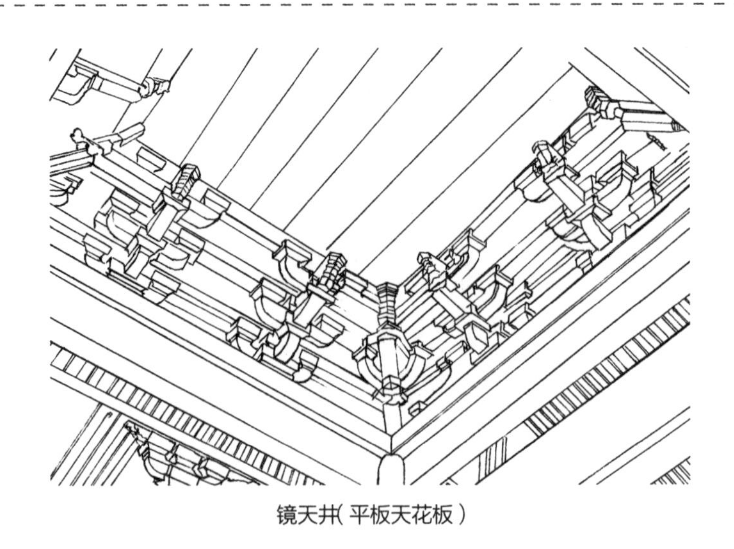

镜天井（平板天花板）

# ●禅宗样的出三跳斗栱

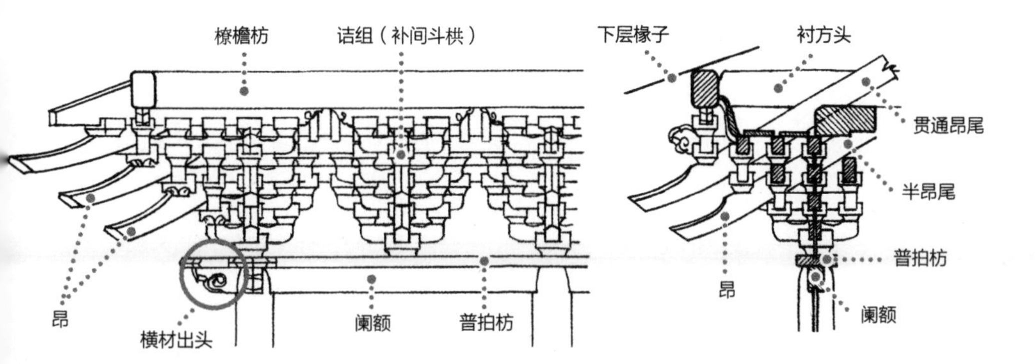


# ●各式栈唐户

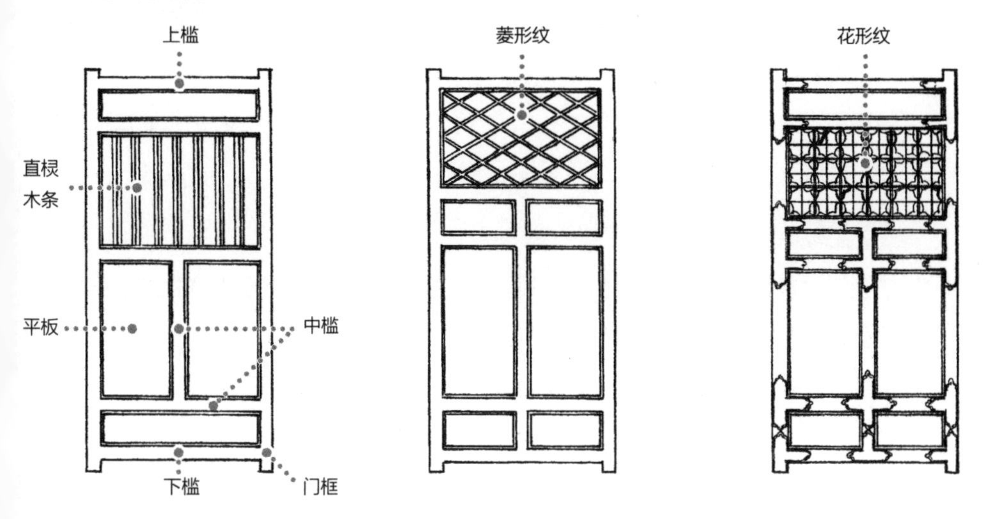


# ●禅宗样柱子周围的细部

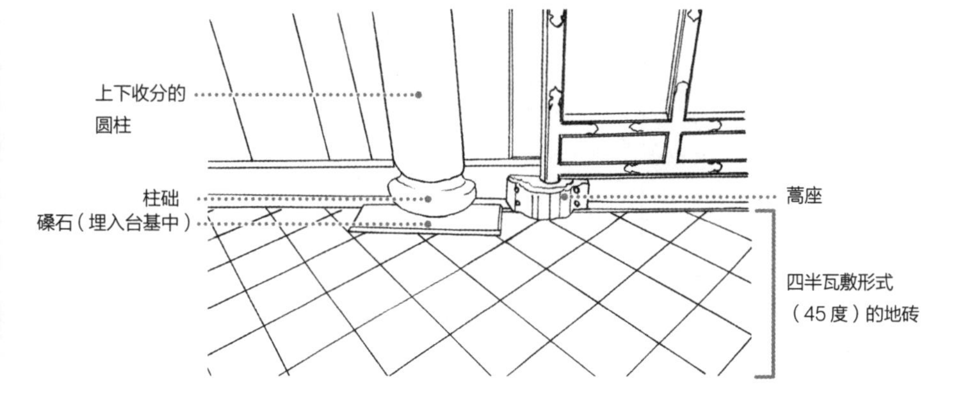

看点 2

## 强调曲线的造型

禅宗样另一大特点即为细部造型多采用曲线。从屋面、屋檐到柱、梁、窗，随处可见禅宗样特色的曲线造型。

首先，十分引人注目的是两端高高翘起的屋檐。正如禅宗样又被称为“宋式”，这样的造型正是中国风格的建筑直接影响的结果（屋檐下有副阶时，副阶屋面比上檐平缓是禅宗样的定式）。檐下的扇形椽和昂嘴也都呈曲线上扬，昂嘴呈琴面（两侧抹斜、中央凸起脊线的造型）也是禅宗样才具有的特征。

其次，如前文透露过的，禅宗样的柱身上下有微小圆润的收分，下方垫有圆形柱础，柱子上方的要头雕刻涡卷纹。

架设于中央内柱与外围檐柱之间的名为“海老虹梁”的梁，是禅宗样的代表性特征。由于内柱与檐柱不等高，这根梁的造型弯曲如虾身，故得名 。

另外，门窗隔扇等细部也强调着曲线造型。例如窗和门扇上方的栏间呈“波连子”状，（睒电窗）窗户被制作为上部曲线的“花头窗”，这种花头窗因为非常符合日本人的审美，随后还被吸收进了书院造建筑的城郭建筑和住宅的细部设计中。

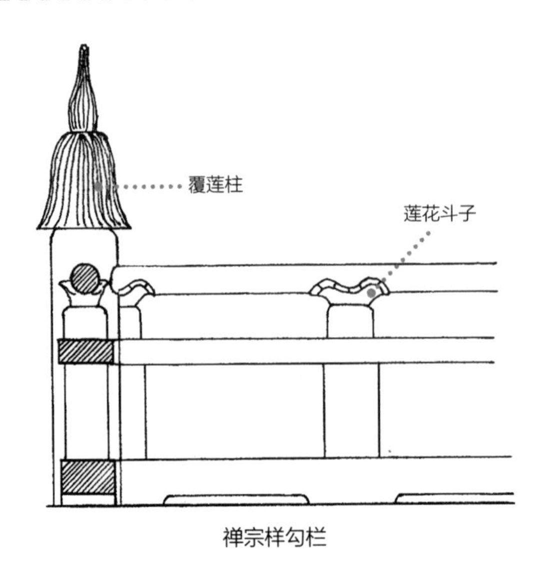


禅宗样勾栏

# ●禅宗样的昂

昂嘴上扬，昂背作琴面都是禅宗样的特征。

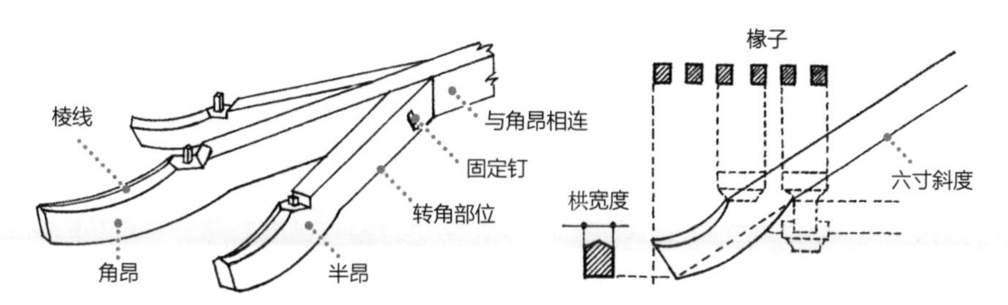


# ●海老虹梁

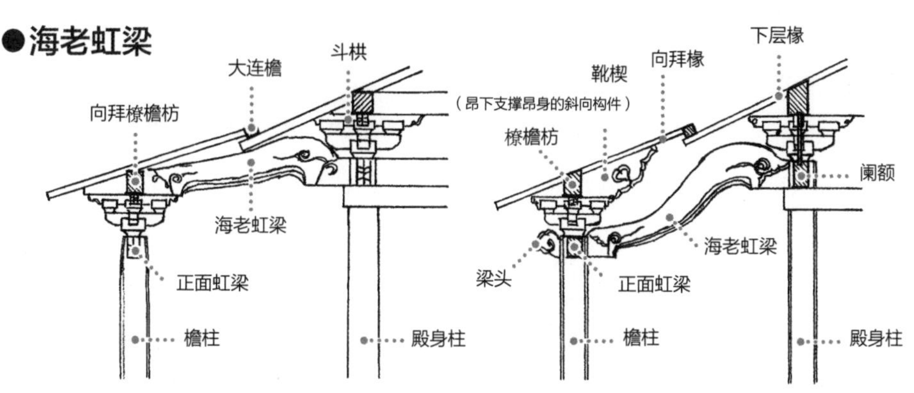


# ●花头窗与睒电窗栏间

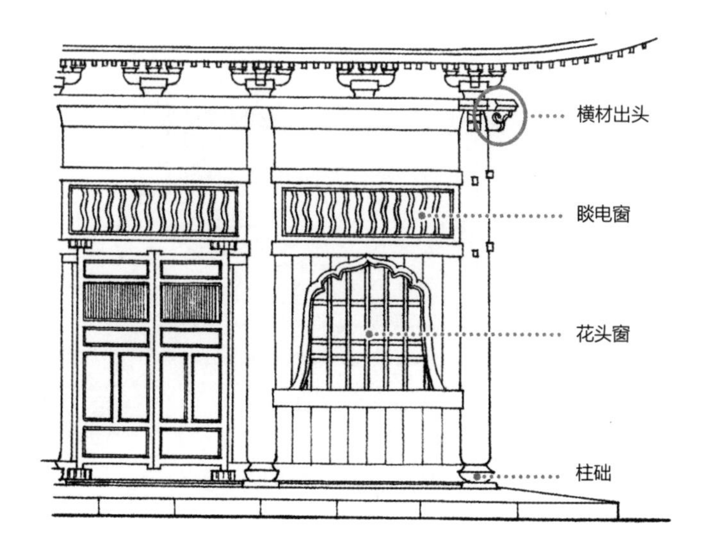

看点 3

## 拥有起翘屋面和壮观诘组的三门、佛殿、法堂

三门即为“三解脱门”（空门、无相门、无作门）的略称，即使只有一间门也可以称为三门。大德寺的门则特别称为“山门”，是一座面阔五间、进深两间的重檐筒瓦歇山顶楼门。据说，大德寺山门上层最初举行法事的时候，人们第一次体验到了登高远眺的愉悦，这成为后来建造鹿苑寺舍利殿（金阁）和慈照寺观音殿（银阁）的契机之一。禅宗样原则上来说都使用不施彩绘的素木，但这座山门内外都用丹、石灰、黄土、青绿等色彩进行了装饰。

佛殿是铺设筒瓦的歇山顶单层建筑。四周围绕副阶，因此外观看来像是双层建筑。殿身为方三间，因带副阶所以外观呈现为方五间。殿身和副阶之间用海老虹梁连接。殿身斗栱出两跳，柱间也安装了斗栱，因此是典型的诘组。副阶斗栱为简单的一斗三升，也为诘组。

法堂创建于元亨四年（1324），享德二年（1453）毁于火灾，重建后又在应仁之乱中被烧毁，文明十一年（1529）才再度重建。这一次重建使用了从河内花田移建而来的旧堂，兼作佛殿。宽永十三年（1636），以庆祝开山三百年纪念为契机新建了法堂，即是我们今天看到的建筑。现存法堂为面阔五间、进深四间、歇山顶的单层建筑，因周围带副阶，外观看起来像是面阔七间，进深六间的双层建筑。

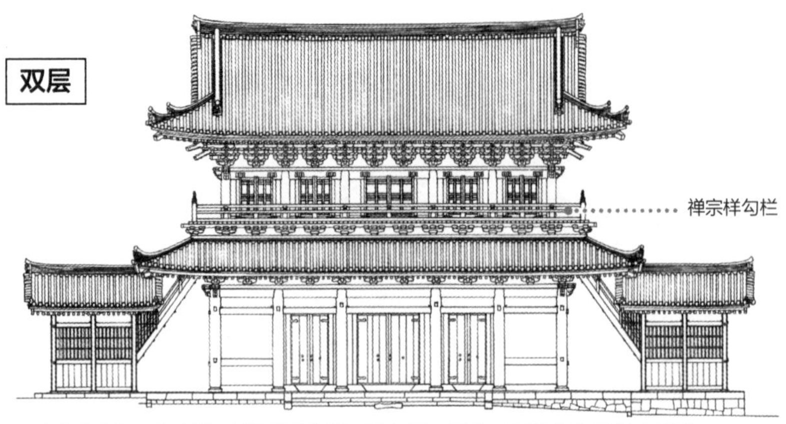


大德寺山门：初创的时代双层建筑还很少见，因此对后世产生了很大影响。

## ●带副阶的单层佛殿和法堂

因为带副阶所以看上去像是双层建筑，事实上是单层。

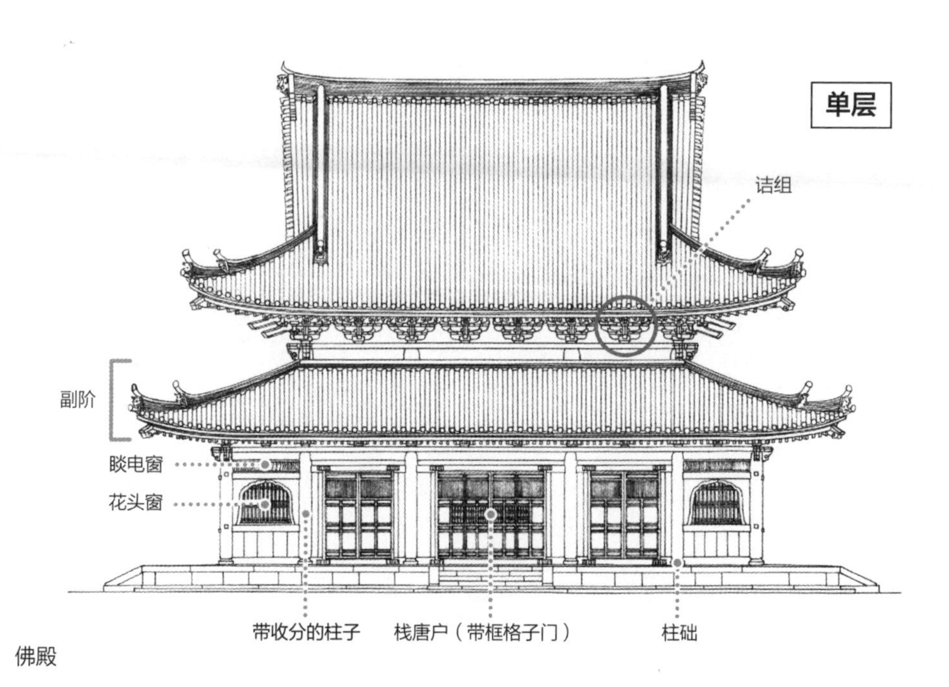


佛殿

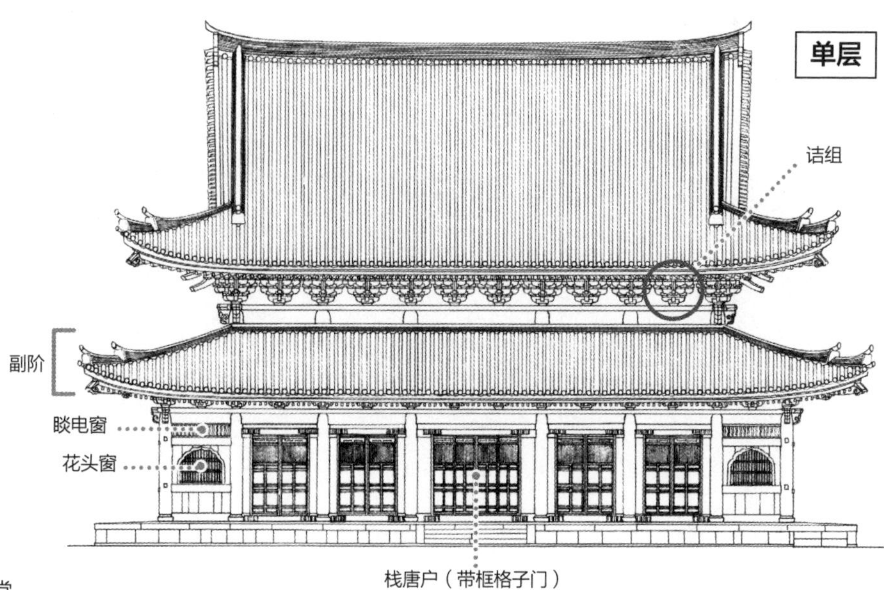


法堂

和样、大佛样、禅宗样各部位差异总结

| 时代 | 柱础部分 | 柱身 | 斗栱 | 昂 | 支轮（峻脚椽） | 补间 | 虹梁 |
|---|---|---|---|---|---|---|---|
| 和样 | 磉石上直接立柱 | 上下等粗圆柱形的柱身 | 大斗以上为斗栱，栱头为平滑曲线 | 在奈良时代形状的基础上，用料增粗并起翘 | 传统蛇腹状 | 蜀柱加小斗、驼峰，也有花形栱 | 传统矩形截面，梁身不施雕刻，镰仓时代以后开始有雕刻 |
| 大佛样 | 磉石上直接立柱 | 上部略带收分而不易察觉的圆柱 | 栱头曲线与和样类似。斗栱为插入柱身的插栱，向前后出跳，不出横栱。斗欹雕刻类似皿板的曲线。也有上下小斗不对齐的情况 | 由于斗栱横向不出跳，因此不用昂，但是在柱间使用游离尾垂木 | 无支轮 | 没有补间，游离尾垂木的支点上会设置驼峰状的构件 | 圆形截面的粗壮虹梁，两端变细插入柱身，梁下线刻锡杖纹样 |
| 禅宗样 | 磉石上先置柱础，其上再立柱 | 上下都带收分，被称为“粽柱” | 栱头作圆弧状，或近似圆的弧形。大斗以上为斗栱 | 昂头变细，上部为琴面 | 斗栱为“诘组”，不方便安装蛇腹状支轮，且隐藏在斗栱间隙不起眼故而改为板状支轮 | 在柱间设置2~3组与柱头斗栱相同的斗栱，檐下充满斗栱，被称作“诘组” | 梁身雕刻曲线（海老虹梁来自于禅宗样） |

和样、大佛样、禅宗样各部位差异总结

| | 蜀柱 | 椽子 | 横材出头 | 地板 | 天花板 | 门窗 | 彩绘 |
|---|---|---|---|---|---|---|---|
| 和样 | 多为传统方柱 | 多用双层椽，但椽子和飞子都为方形，椽间距小 | 阑额出头施以雕刻的实例在镰仓时代之前未曾出现 | 有铺设木地板的，也有裸土地面的例子 | 平闇和抬高的天花板（折上天井）最多，也有装饰椽作天花板的情况 | 板门，施以金釭（横木上的装饰金属件）和门钉。窗户多为直棂窗。 | 外部涂丹，内部为五彩遍装 |
| 大佛样 | 短粗的圆柱 | 都为单层椽，转角部位为局部扇形椽。用遮檐板遮掩椽头 | 阑额、由额出头，但不施雕刻 | 铺设木地板，也有局部不铺的情况 | 屋顶内部全部为装饰椽，不设天花板 | 无特定门窗样式。推测与栈唐户相似。安装蒿座固定门轴 | 内外使用丹、黄土、青绿、石灰等涂装，不绘制纹样 |
| 禅宗样 | 作为装饰用蜀柱，多为上粗下细的瓶状 | 双层方椽。多层建筑的情况下，上层檐为整体扇形椽，下层檐仅为角部扇形椽 | 阑额等各种构件的出头都施以雕刻，被雕为象鼻的形状 | 不铺木地板，地面铺砖多为45度方向，也有正向铺设的例子 | 建筑中央为镜天井，其他区域为装饰椽 | 出入口和窗户上部均设计为曲线，被称为“花头窗”。栈唐户用蒿座固定门轴 | 三门上层施以五彩遍装，其他情况下仅把构件截面涂白，原则上使用素木不施彩绘 |

【寺院 5　折中样】

# 鹤林寺本堂：

## 建筑样式的混搭美

## 折中样的代表实例

鹤林寺位于加古川站的东南方，乘坐公交可以到达。寺院的官方名称是刀田山鹤林寺，现在是供奉药师如来的天台宗寺院。相传寺院始建于平安时代前期，因为圣德太子的老师高丽僧人惠便曾在此播磨传法，因此这座寺院又被称为“播磨的法隆寺”，这是因太子信仰而兴盛的道场。

寺院以本堂为中心，东侧建有太子堂、南侧建有三重塔、西侧建有常行堂，为典型的天台宗平地寺院的布局形式。

鹤林寺本堂是混合了和样、大佛样、禅宗样的各种要素而形成的所谓折中样的典型代表。现存的本堂建筑，内阵安置的佛龛屋顶里保留有记录年代的铭牌，其上有室町时代应永四年（1397）建造的记载。

接下来，就让我们看一看和样、大佛样、禅宗样是如何在鹤林寺本堂中混合的。

要点

# 以和样为基础，混合大佛样、禅宗样的要素

所谓折中样，是形成于镰仓时代下半叶到室町时代初期的建筑样式，以和样为基础，综合了大佛样、禅宗样的优点而成。具体来说，是以和样的圆柱为基础，在结构形式和细部造型中吸收了大佛样、禅宗样的要素。

然而，进入安土桃山时代后，和样、大佛样、禅宗样的分类渐渐不再明晰，仅能从柱、梁、斗栱等各种构件的造型上判断它来源于什么样式，和样建筑也渐渐变得有些折中。

为什么在镰仓时代下半叶到室町时代初期会流行起这样的折中样呢？原因之一就是建造和样时，会稍微吸收一些当时大佛样、禅宗样的要素，从而获得符合“时下的流行趋势”的满足。此外，大佛样、禅宗样都比和样施工简单，却又都具有不错的效果。

前文已经介绍过纯大佛样没有能够得到推广。和样吸收了大佛样要素的建筑又被称为“新和样”（例如东寺金堂）。折中样的代表实例，除了这座鹤林寺本堂之外，还有观心寺金堂（室町时代初期）。

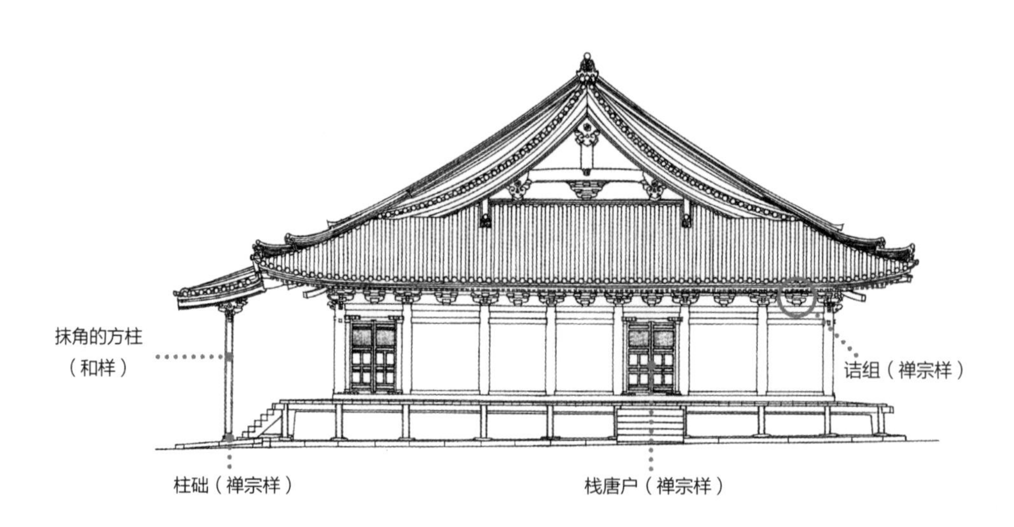


观心寺本堂

## ●混入和样的大佛样、禅宗样

混合了各种样式的折中样中，已经失却了建筑样式的整体特征，只能看出各个细部的样式来源了。

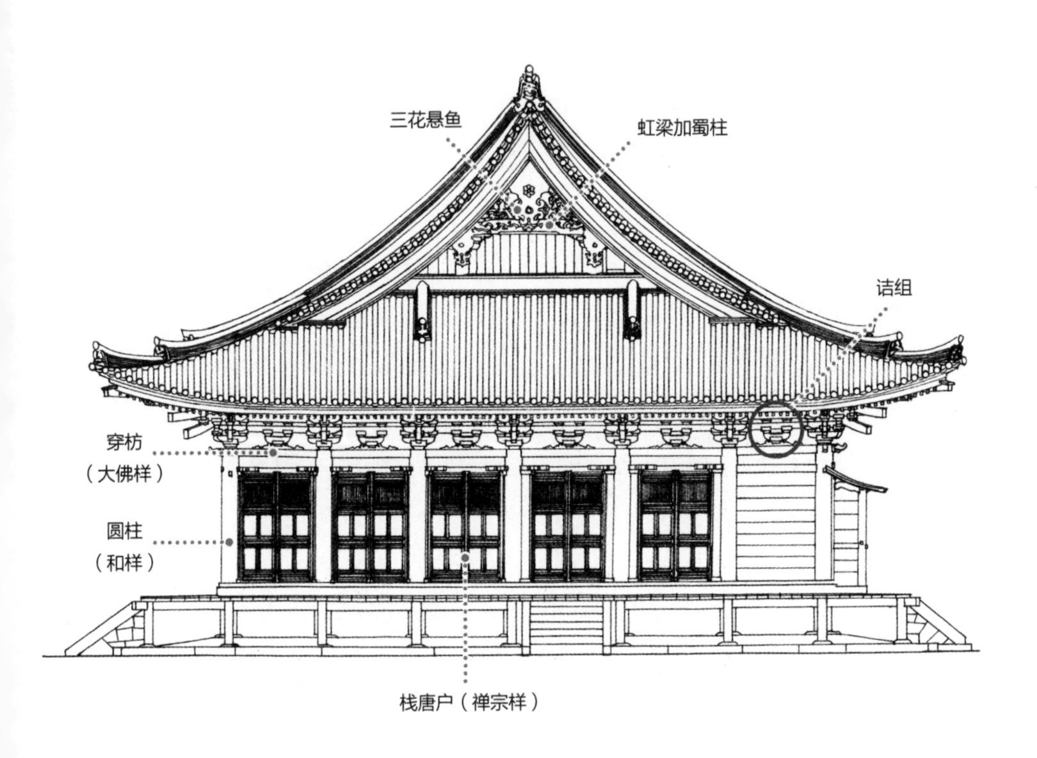


鹤林寺本堂

看点 1

# 和样中混和大佛样、禅宗样的本堂

鹤林寺本堂建造在铺设础石的夯土台基上，面阔七间、进深六间，筒瓦歇山顶单层建筑（其前身建筑与延历寺根本中堂、园城寺金堂相同，只有一部分铺设木地板，佛龛直接建造在地面上）。

屋顶的山面装饰采用禅宗样的“虹梁加蜀柱”，悬鱼为带翼饰的三花悬鱼。下方屋檐是和样的平行椽。

鹤林寺本堂虽然柱子是和样常见的圆柱，但其间使用了阑额、由额、地栿等多条穿枋和柱脚长押等来固定柱身，阑额头的造型则具有大佛样特征。

再来看看斗栱。和样的蜀柱小斗和驼峰、大佛样的双斗和一斗三升都被当做补间装置在使用，排布方式俨然像是禅宗样的诘组。斗栱中的斗雕刻出皿板（大佛样），外阵殿身使用的替木也是大佛样特征，而要头或蜀柱则是禅宗样的要素。除了和样的传统虹梁，本堂也加入了禅宗样的海老虹梁。同时还使用了与内柱截面相等的圆身虹梁，使得整个构架看起来轻巧了许多（大佛样手法）。

本堂几乎没有外墙，具有很好的开敞性，门扇的门轴上下安装禅宗样的藁座，窗户形状是和样的直棂窗。

地板按照和样铺设了木地板，外部带一圈缘。天花板为和样特征的格子天花板，作为这一时期的本堂建筑来说，鹤林寺本堂可称是非常豪华的一件作品。

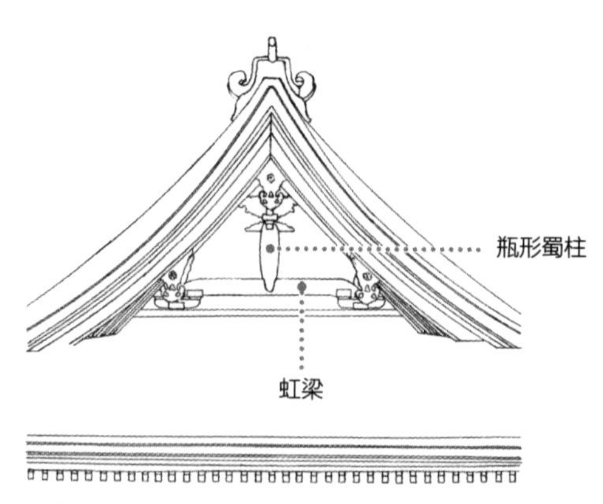


歇山顶山面装饰部分使用“虹梁加蜀柱”

## ●檐下、柱子周围的样式混合

特别是斗栱相关的部分，样式混合的力度非常大。

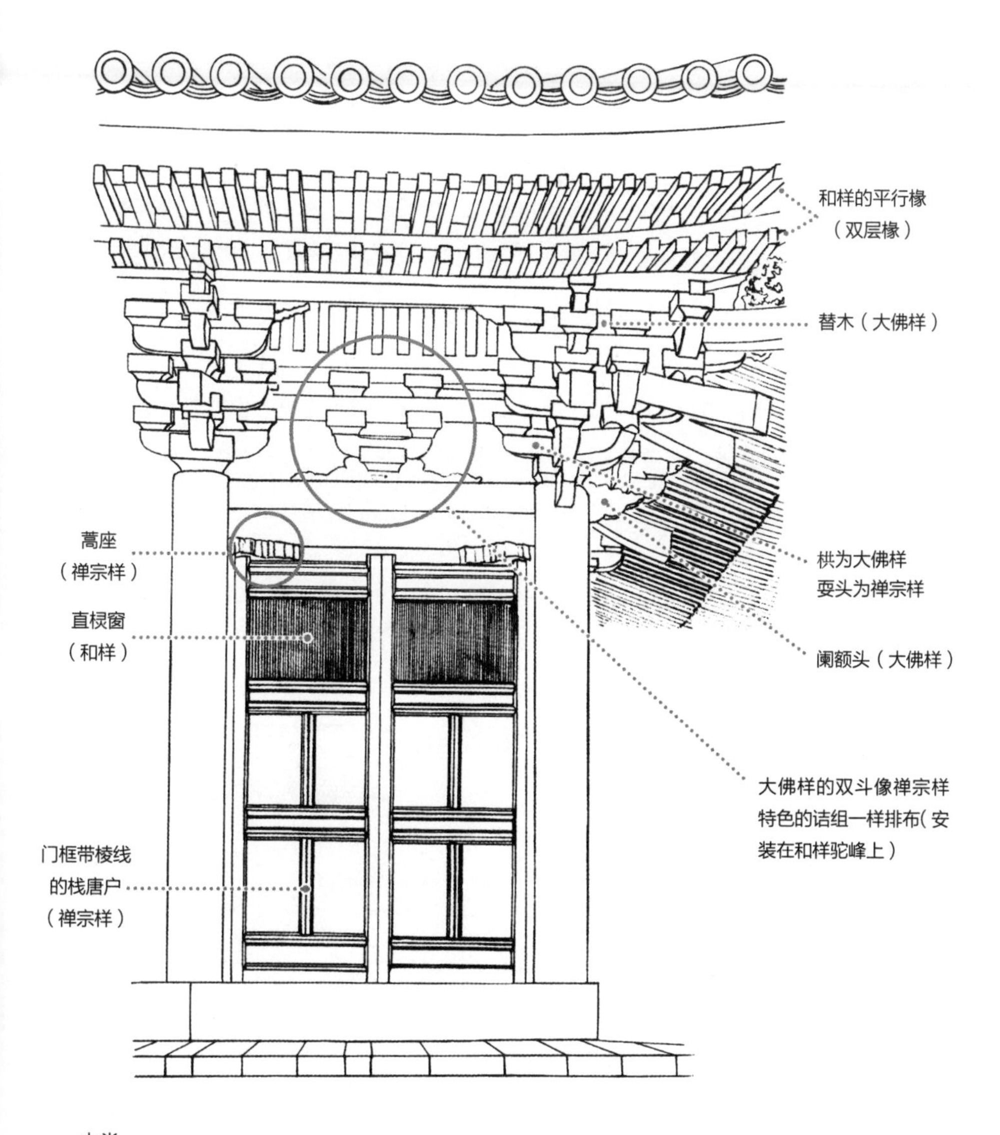


本堂

看点 2

# 样式混合至极的外阵

鹤林寺本堂内部空间可以分为七间 × 三间的外阵，和五间 × 两间的内阵。

当我们游览外阵时会发现，禅宗样特色的海老虹梁（弯曲如虾形的梁）、和样特色的驼峰（坐于梁或阑额上承重的构件）、大佛样的双斗（一斗二升）和插栱（插入柱身的栱）等样式混合在同一个空间中。

最引人瞩目的莫过于连接外阵内柱和檐柱之间的海老虹梁（禅宗样）。由于内柱的高度比檐柱高，使用海老虹梁可以在确保外阵天花板高度的前提下，使内部空间更显高远。和样的小方格天花板边缘设支轮显得十分豪华，整个室内的装修处处彰显着这一处空间的等级之高。

内阵与外阵分界的柱列上，柱间使用了和样驼峰，其上支撑大佛样双斗，尽显折中样的混搭风。更有甚者，大佛样双斗之间的栱身抹斜是一处禅宗样特征，而承托大虹梁的插栱和雕刻出皿板的斗又为大佛样特征。挖掘细部的话，鹤林寺本堂中的样式混搭简直无处不在，可谓极致。

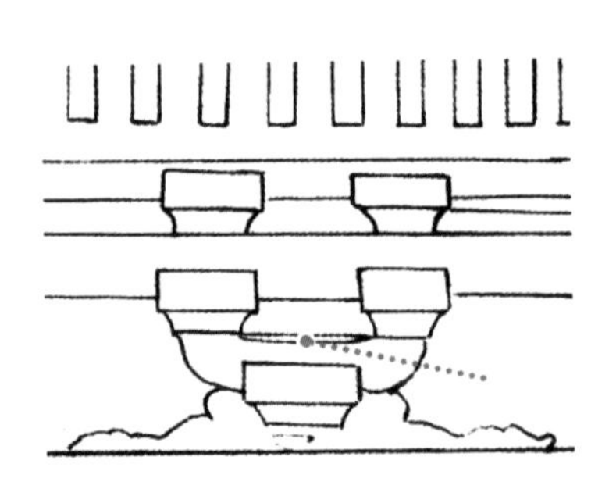

栱眼曲线：禅宗样斗栱的栱眼处被削去一部分形成曲线，这种手法在勾栏地栿的下表面也很常见。

双斗的栱眼曲线

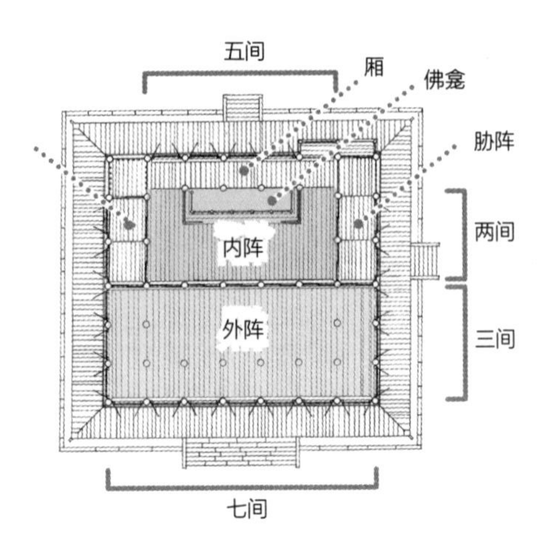


鹤林寺本堂平面图

## ●外阵的海老虹梁

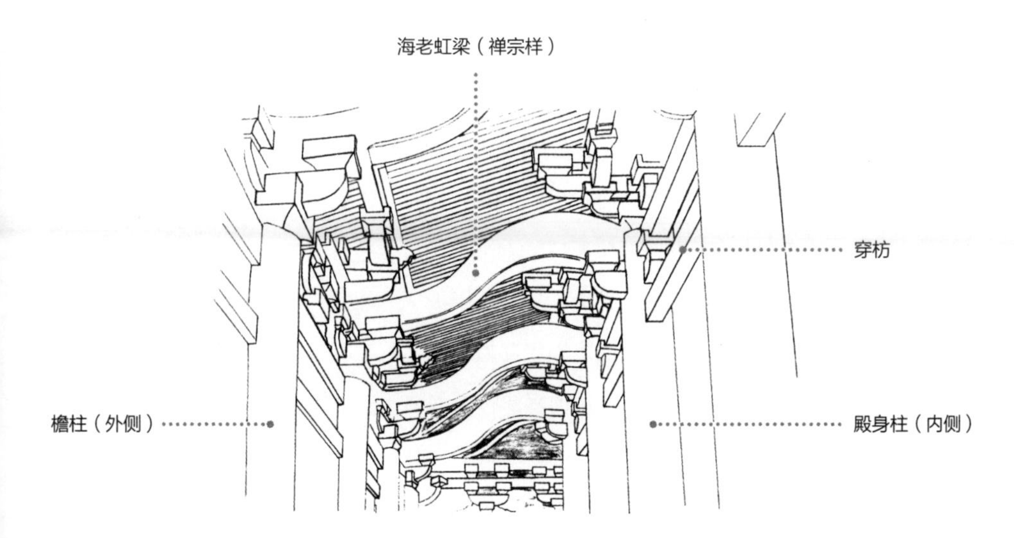


## ●外阵的上部

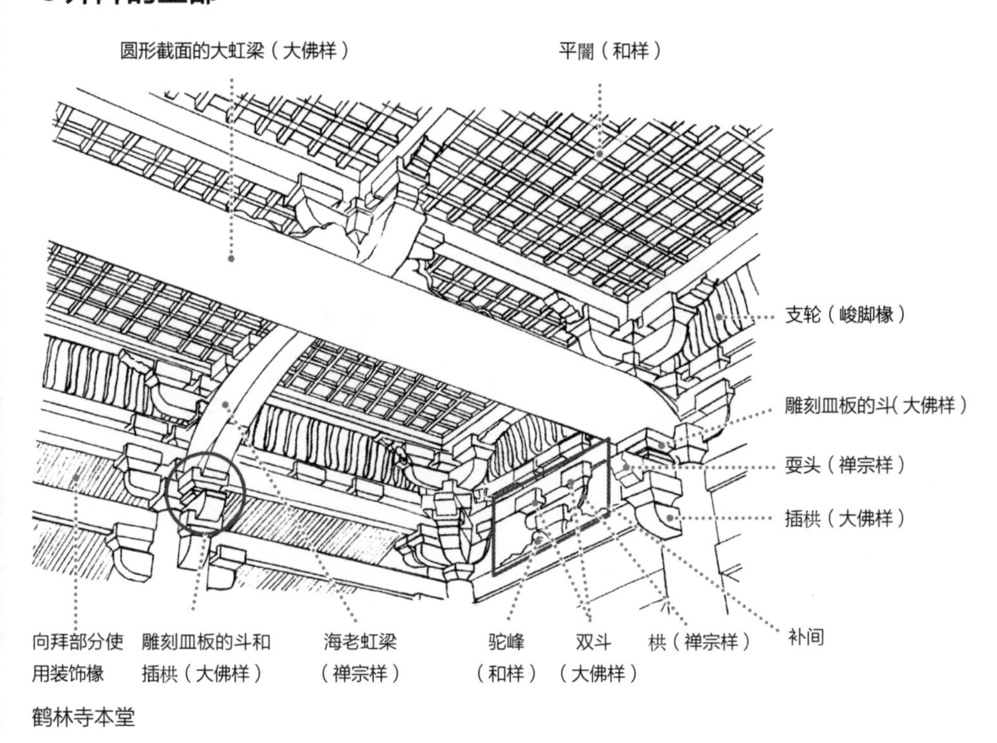


鹤林寺本堂

看点 3

## 大体上是禅宗样的佛龛

鹤林寺本堂的内阵中央，安放着一个占满三个柱间的大型佛龛，造型酷似一座佛堂。佛龛面阔五间、进深一间，禅宗样栈唐户背后供奉着本尊药师三尊像，平时不做公开展示。

这座佛龛本身即拥有诸多建筑要素，大体上可以说禅宗样特色最为浓厚。

佛龛的柱头上使用了出四跳的高等级斗栱，通常仅有一根的昂，在这里成为双昂。由于柱间部分也安装了斗栱，所以是禅宗样特征的诘组。屋檐下方斗栱密集，令人眼花缭乱。正面五间双扇的栈唐户也为禅宗样特色，门左右两侧和上方均设门额，是高级做法。

围绕佛龛的勾栏、勾栏角柱上的宝珠，以及佛龛坛座上的格狭间[31]饰板都为和样特征，而勾栏扶手尽头的云纹和卷叶雕刻则为禅宗样。总体说来，虽然也有局部呈现和样特征，这座佛龛大体上依然符合禅宗样风格，是不可多得的实例。

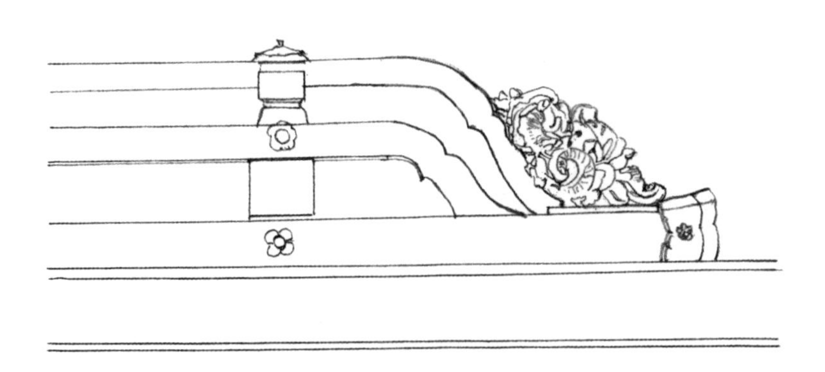

佛坛勾栏上的云纹和卷叶雕刻（禅宗样）

## ●内阵的佛龛

勾栏和坛座的局部装饰呈现和样建筑特征，其他细部则尽显豪华的禅宗样风格。

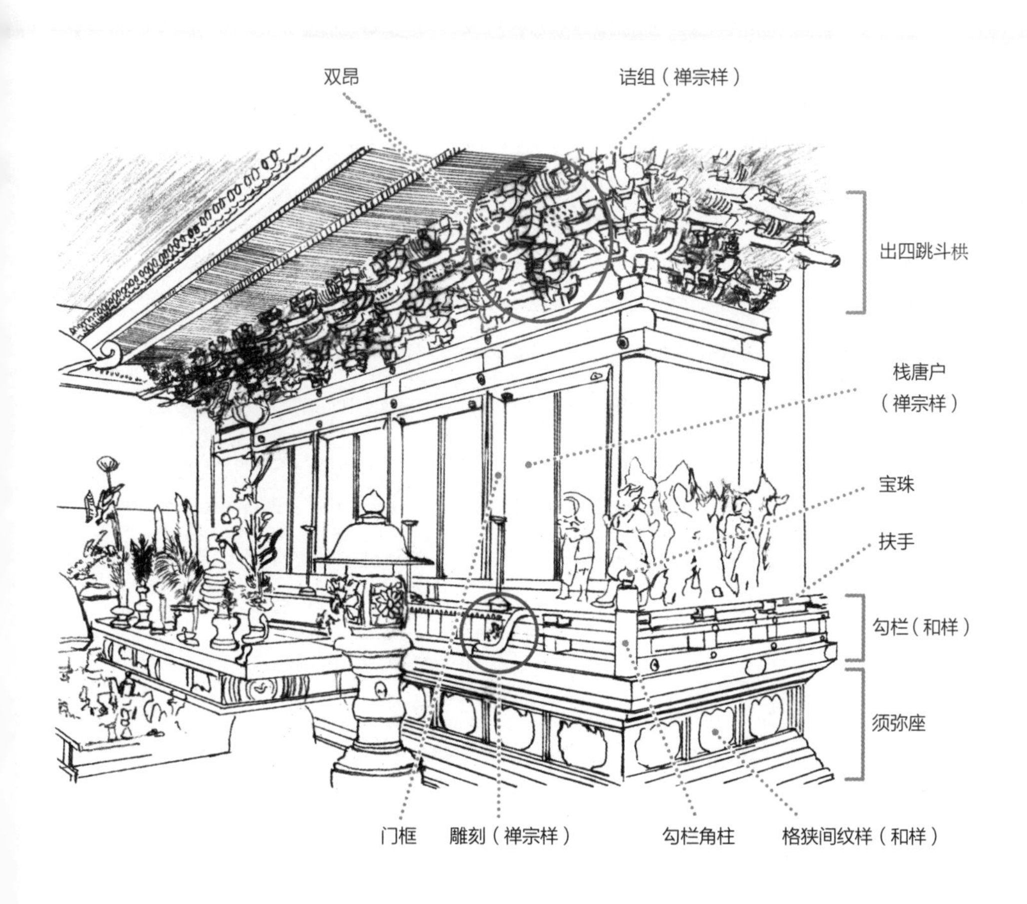

## ◆从双堂到本堂的演变

以上部分主要介绍了佛教寺院的建筑样式，而对于佛教寺院来说，不能不提及“双堂”。

佛堂原本为单栋建筑，当需要在佛的空间之外设置人活动的广阔空间时，受结构制约建筑在进深方向上很难扩大，于是在奈良时代出现了金堂（正堂）前加建的用于参拜的礼堂，与金堂并列而为双堂。平安时代以后这种双堂形式逐渐普及。

镰仓时代建筑结构的革新，使得越来越多的正堂和礼堂被收入同一屋檐下成为一栋建筑。

位于滋贺县的西明寺本堂是一座还留有双堂痕迹的建筑。现存建筑在双堂上方架设有巨大的屋顶，而屋顶内部保留了一部分当初设计的略小的屋顶，从中可以窥见在本堂的建造过程中，为了获得更大的室内空间而调整了设计方案。

不论是神社还是寺院，作为神佛专属的空间逐渐因人的需求而改变了其建筑样式，这一相似的过程发人深思。

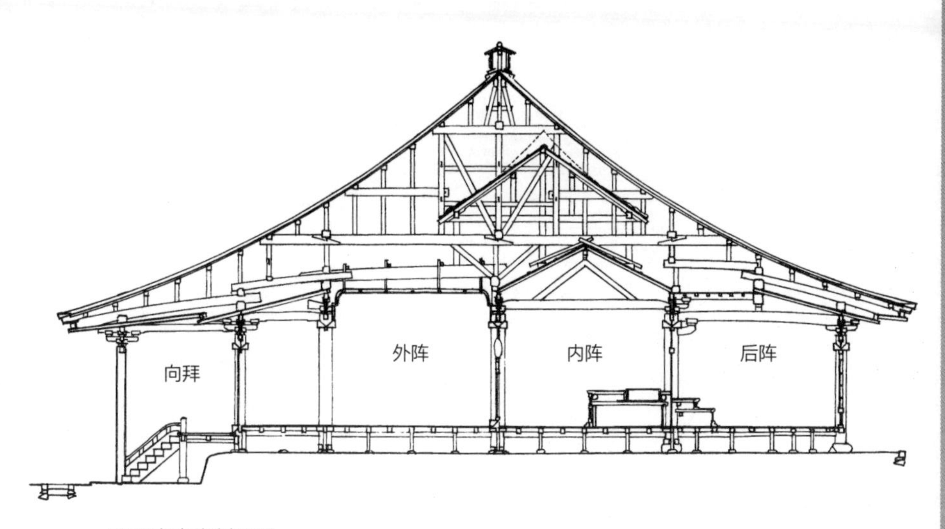


西明寺本堂剖面图

译者注

［31］格狭间：通常安装在佛坛侧面、带如意形状花纹的侧板。

【书院建筑】

# 西本愿寺书院：

## 表现等级的天花板、栏间、榻榻米房间装修

## 近世书院建筑的代表

从京都站向西北方向步行不远，即来到七条堀川的十字路口，沿着堀川通的长长的土墙围合出的巨大寺院，就是以亲鸾上人为祖师的净土真宗本愿寺派的本派本愿寺，又被称作西本愿寺，号龙谷山。

西本愿寺历史悠久，在亲鸾上人圆寂后，曾先后移建于东山、近江、吉崎、山科、石山、鹭森、贝塚、天满，最终来到七条堀川。在东侧不远的乌丸七条，另有一座“本愿寺”是德川一族于江户时代初期分立的寺院，又被称为大谷本愿寺或东本愿寺。

西本愿寺中，御影堂、阿弥陀堂、黑书院、飞云阁等建筑均有精彩之处，而建于宽永十年（1633）的书院（又称对面所、白书院）是近世书院建筑的代表之作。

要点

# 表现武士等级的场所

“书院”原本是禅宗寺院中禅僧的居所和书斋，后来取代贵族住宅形式寝殿建筑成为上流住宅的基本建筑样式，以武士阶层为中心得到了推广。

书院造最大的特征在于它是表现武士等级的仪式用场所。武士在接待客人或家臣时，为了明确区分等级和主从身份，而采取了将房间进行等级化分隔等一系列措施。为彰显权威，发展出了以下各类榻榻米房间内的装修。

押板（床）：地面局部抬高铺设的横板。

违棚 ：摆放书籍的架子，显示主人为知识分子。

帐台构：由寝殿造的“涂笼 ”演化而来，通常作为收纳仓库。

附书院：附加的书桌。在挑出的窗下安装台面，正面安装透光的格子窗（书院障子）。然而，台面的高度事实上根本不适合阅读，所以大多数附书院仅为装饰。

二重折上格天井 ：彰显等级的厚重复杂的天花板形式。

除此之外，还有推拉门、格子门、和纸门、栏间的雕刻、壁纸画等内部装修也都充满装饰意味。

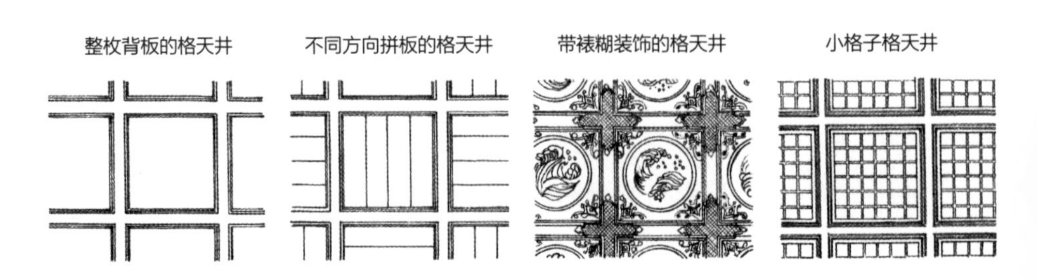


格天井的多样设计

## ●书院建筑（上段间）

武士为彰显等级，发展出了各式各样的榻榻米房间装饰。

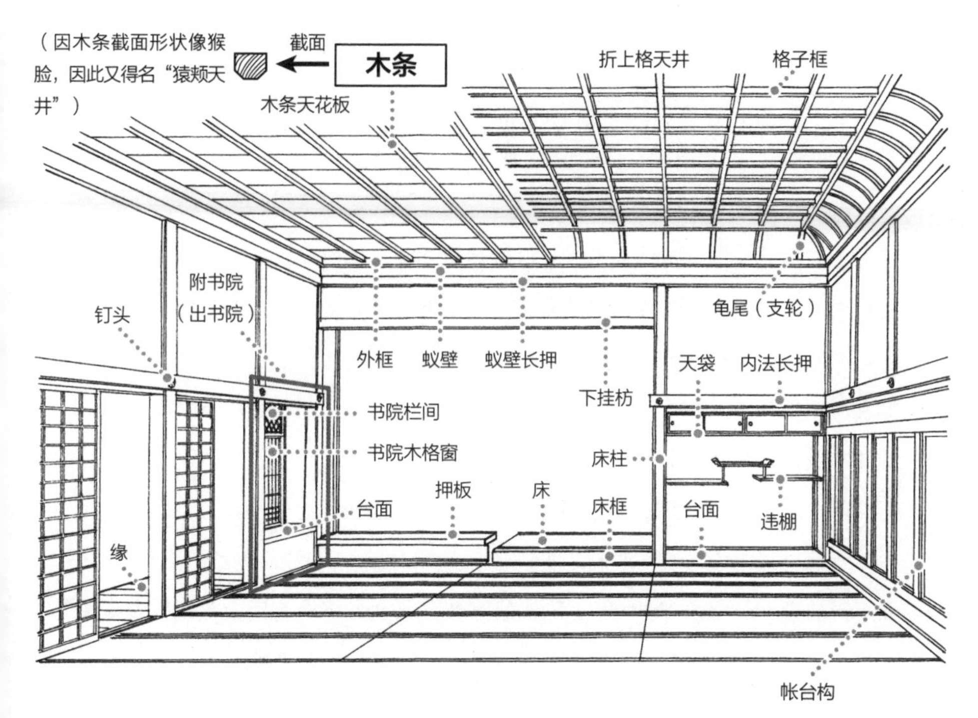


## ●二重折上格天井

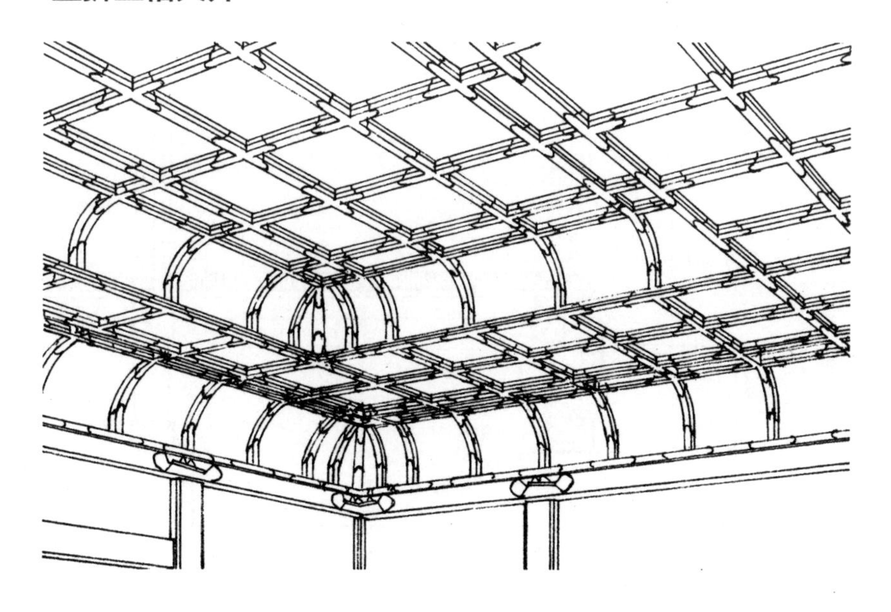

看点 1

## 每个房间都有对应的等级

西本愿寺书院位于御影堂的西南，是一座从山面[32]进入的筒瓦歇山顶建筑。书院内部设有对面所[33]、白书院、菊之间、雁之间等，通过连廊与大玄关、虎之间、黑书院相连，成为一组建筑群。

迄今为止，这座书院被认为是伏见城的遗留之物，然而丰臣秀吉建造的伏见城早已因地震和火灾损毁，桃山时代德川家康建造的伏见城平面又与本愿寺多有不同，况且已于宽永元年（1624）拆毁了。

昭和三十四年（1959）落架大修时，并没有发现可以证明曾被移建的痕迹，所以这座书院并非被移建至此。根据调查结果显示，宽永十年（1633）为了移建御影堂而将书院向西移动时，整体旋转了 90 度并大幅改造，将其与白书院合为一体。

书院地面铺设榻榻米或木地板，外侧附带“切目缘”（与墙面垂直铺设木板的形式，与墙面平行铺设木板的称“榑缘”）形式的落缘 。此外，各个房间天花板均为高等级格子天花板，只有“准备间”使用了“猿颊天井”（又称“竿缘天井”），可见利用不同形式的天花板能够区分房间等级。

西本愿寺书院可以称得上代表了书院建筑中最豪华的等级。

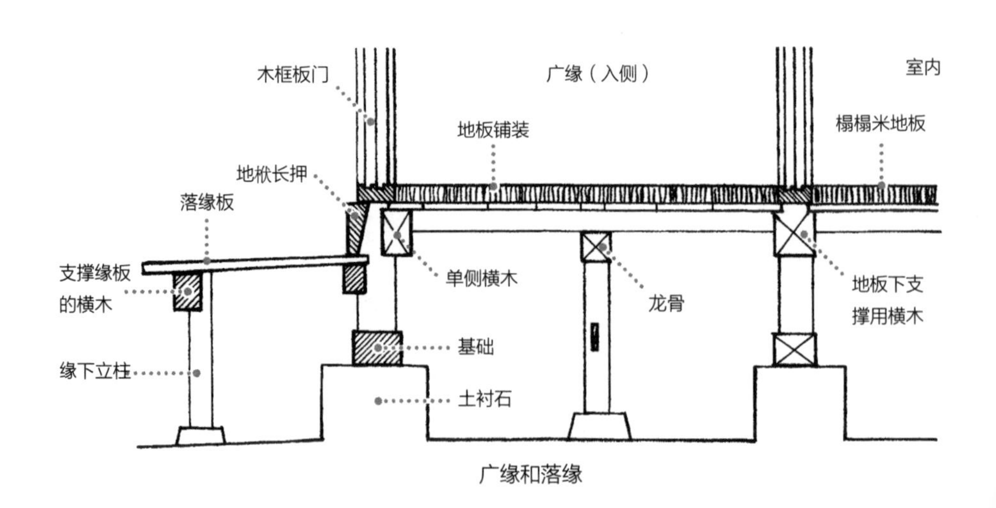


广缘和落缘

## ●书院的整体构成

可以大致分为对面所、白书院和其他区域。

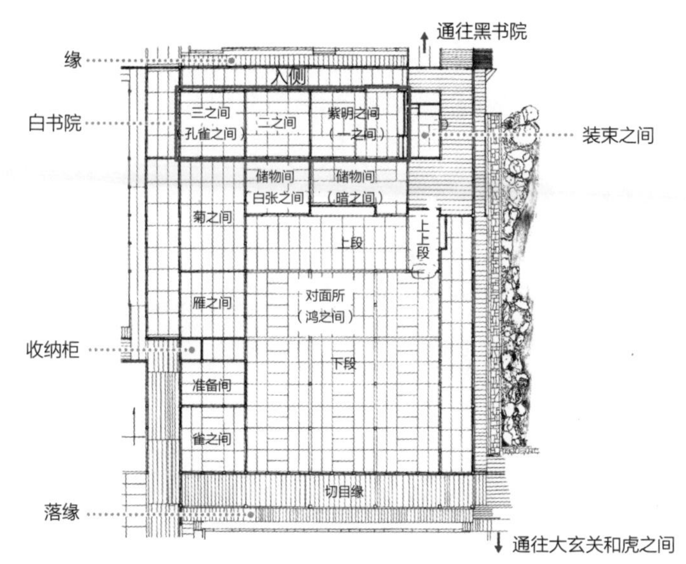


书院平面图

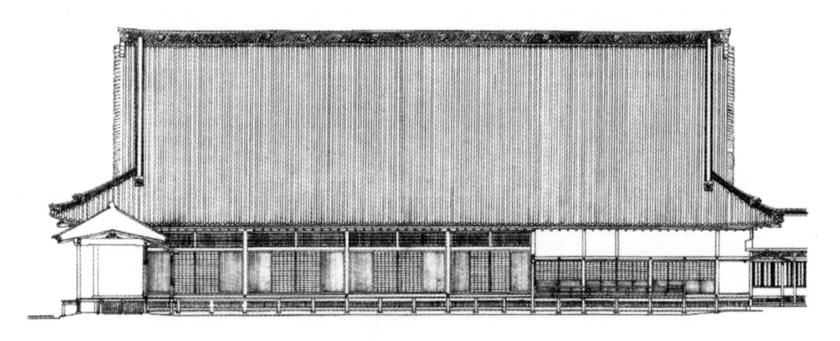

书院东立面图

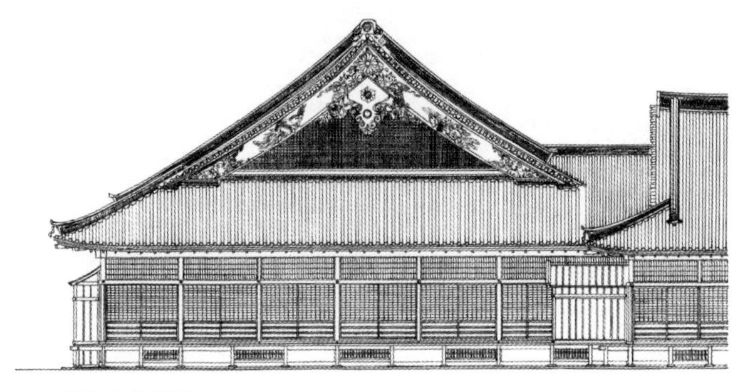

书院南立面图

看点 2

## 被分为三级的对面所

对面所为面阔（东西）九间、进深（南北）十一间的大规模内部空间，可大致分为上上段、上段、下段三个区域。上段的边缘对应的栏间装饰使用了鸿雁透雕，因此这部分又被称作“鸿之间”。

上段是宗主等大人物就座的场所，普通僧侣则坐在下段。上段的天花板为带支轮的上折格子天花板，下段则是普通的格子天花板，借由天花板豪华程度的差异即表明了使用者身份的等级差异。

上上段是位于右侧最深处的“奥之间”，装饰有“违棚”和“附书院”。上上段与下段之间安装有花头窗。

上段是正面深处进深两间的区域，中央设置三间 “床”，左侧布置“帐台构”，这些榻榻米装修呈一线排列是本愿寺系寺院独特的布局方式。除西本愿寺之外，大通寺广间、东本愿寺大寝殿、照莲寺、和歌山市鹭森本愿寺别院（于战争中烧毁）也具有相同的布局方式。

下段使用柱列和“无目敷居”（不开槽的下方门框）将空间划分为 3 列 ×2 段，也是为了区分不同身份地位的就座位置。墙面、纸门上的绘画被称为“障壁画”，是江户初期的狩野派画师渡边了庆的大作。

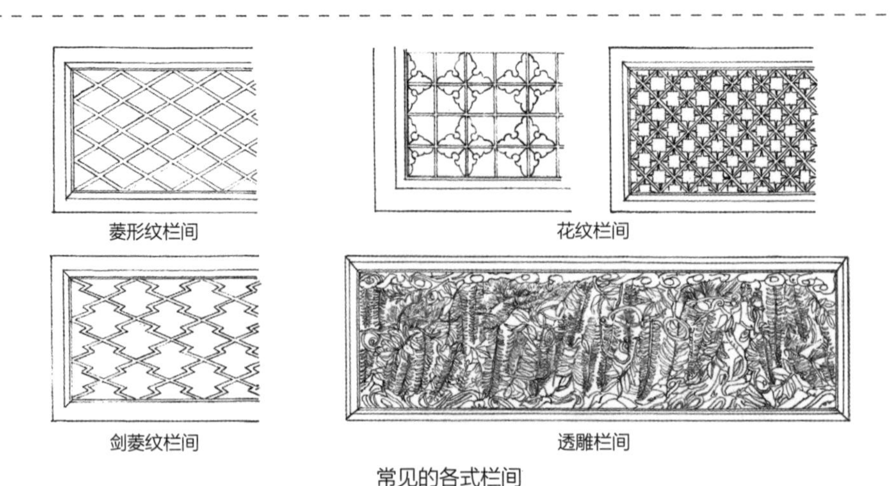

常见的各式栏间

# ●西本愿寺对面所

被分为上上段、上段、下段，天花板和榻榻米装修都体现着就座者的身份等级。

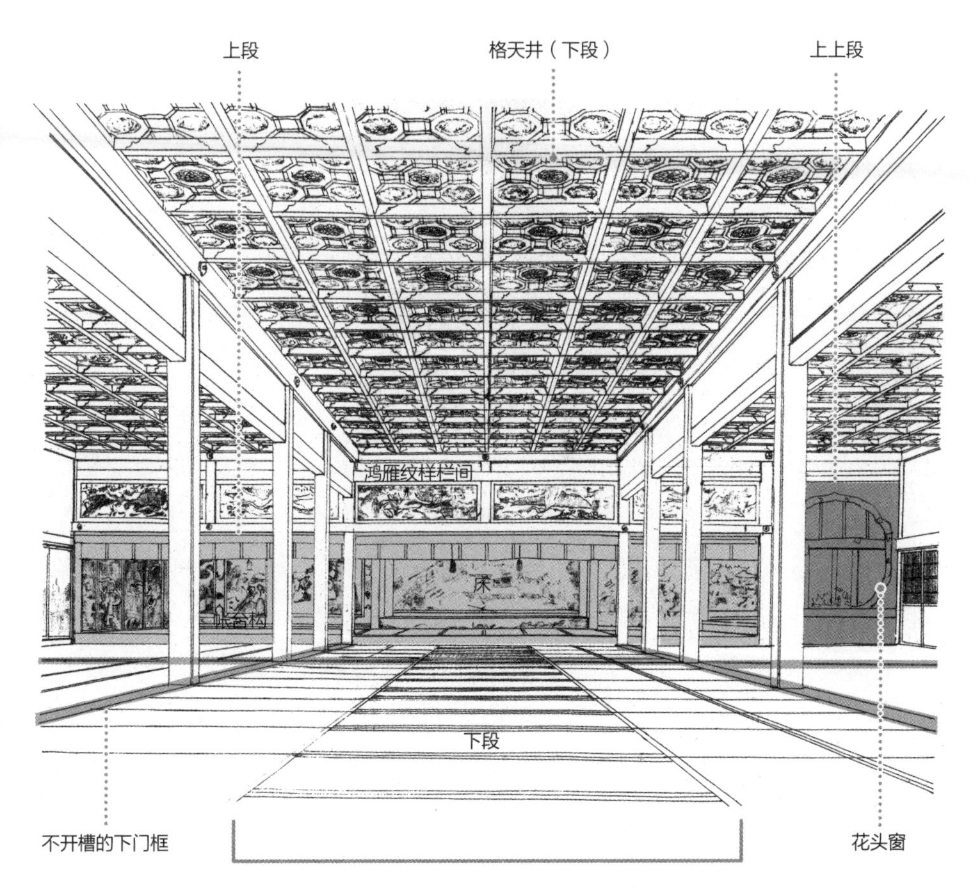


被当做通道的一列榻榻米，和相邻的榻榻米铺设方向不同，在光照下发暗。

看点 3

# 栏间样式区分空间等级

对面所北侧布置有“暗之间”和“白张之间”，它们的背后就是“白书院”了。白书院从东至西由“紫明之间”（一之间）、“二之间”“孔雀之间”（三之间）构成，之后转向南方依次为“菊之间”和“雁之间”。经落架大修确认对面所和白书院原本是两栋建筑，后来被合为一体。

紫明之间相当于白书院的上段区域，正面排列有“押板”和“违棚”，左侧有“附书院”，右侧为“帐台构”，是较为普遍的书院造构成方式。正面九畳（一张榻榻米的面积为一畳）和右侧一畳被抬高一级，天花板使用“折上格天井”。

“一之间”和“二之间”分界处的栏间装饰有透雕的藤与松，“二之间”和“三之间”是雉鸡和牡丹，“菊之间”和“雁之间”则是云和雁。前两者透雕空隙较少，并施以豪华的彩绘，后者则大面积透雕并使用了单调的色彩，从而区分出了空间等级。

“孔雀之间”如果揭掉榻榻米就可以作为能舞台使用，它和“菊之间”交界处的一个柱间可以被用作通往舞台的廊桥 。

沿着“紫明之间”北侧的“入侧”（设置于缘和榻榻米房间之间，宽为一间的通道）向东行进，右侧即会出现“装束之间”。“装束之间”面积为六畳，布置有“床”“违棚”和“花头窗”。只有这个房间既不施彩绘也没有雕刻，反而令人耳目一新。

“入侧”的左侧则是通向黑书院的通路，各式装修极尽奢华。

## ◆白书院与黑书院

对于“御殿建筑” 来说，对面所和大广间是等级最高的空间，白书院和黑书院等级依次降低，私密性则逐渐增加。黑书院是最私密的房间，具有许多数寄屋的要素。虽然本愿寺是这样的顺序，但在二条城二之丸御殿中，顺序则相反。

# ●白书院紫明之间

紫明之间相当于白书院的上段区域，采用了较为普遍的书院建筑构成方式。

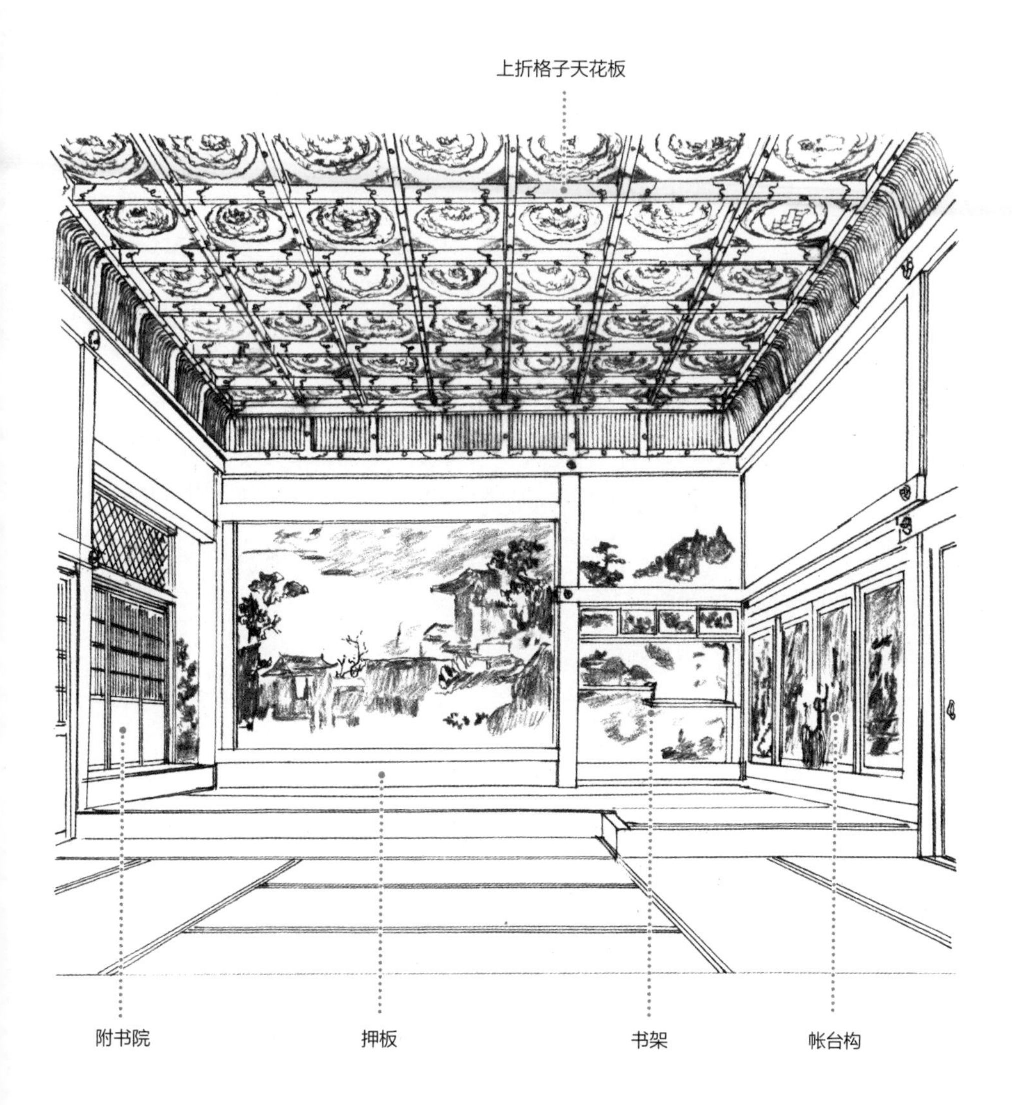

## ◆与西本愿寺齐名的书院造的顶峰之作——二条城二之丸御殿

与西本愿寺齐名，能够一展江户时代初期书院造豪华绚烂风采的，就是二条城二之丸御殿。

德川家康于庆长七年（1602）开始建造二条城，庆长十一年（1606）建造完成了相当于现在二之丸的部分。宽永二年(1625)向西扩建了本丸,但之后本丸在火灾中烧毁。现在被称为二之丸的部分当时幸运地躲过了灾难，主要部分得以留存至今。

二之丸御殿由远侍、式台、大广间、苏铁之间、黑书院（小书院）、御座之间（白书院）几座建筑组成，自东南向西北呈雁阵形排布。其中，大广间为十四间半 × 十三间半的巨大房间,可分为上段之间(四十八畳)、下段之间(四十四畳)、三之间(四十四畳)、四之间(五十二畳)，以及帐台和收纳间。上段之间装饰有“床之间”“违棚”“附书院”“帐台”，使用“双重上折格子天花板”；而下段之间使用“上折格子天花板”；三之间和四之间只用普通的“格子天花板”，可谓等级分明。栏间、障壁画等也多有出彩之处。

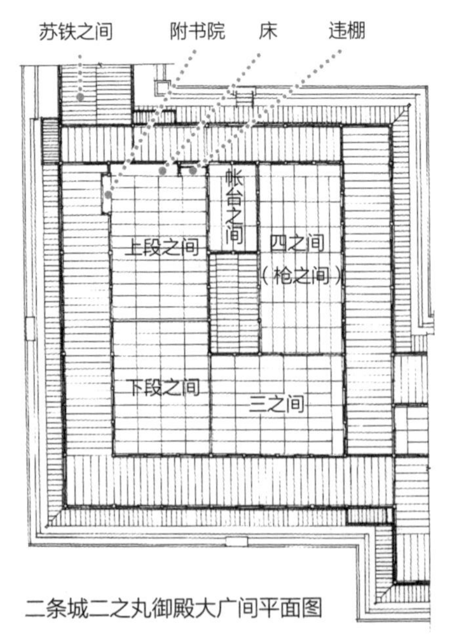


二条城二之丸御殿大广间平面图

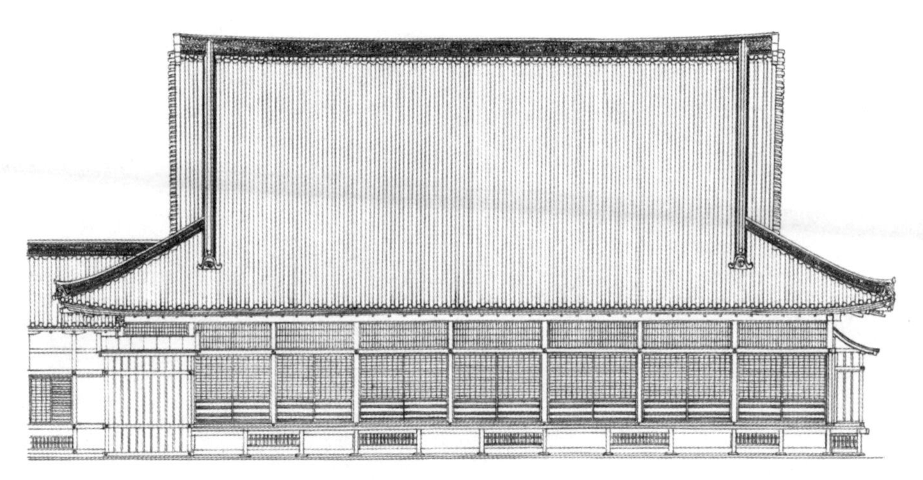

二条城二之丸御殿西立面图

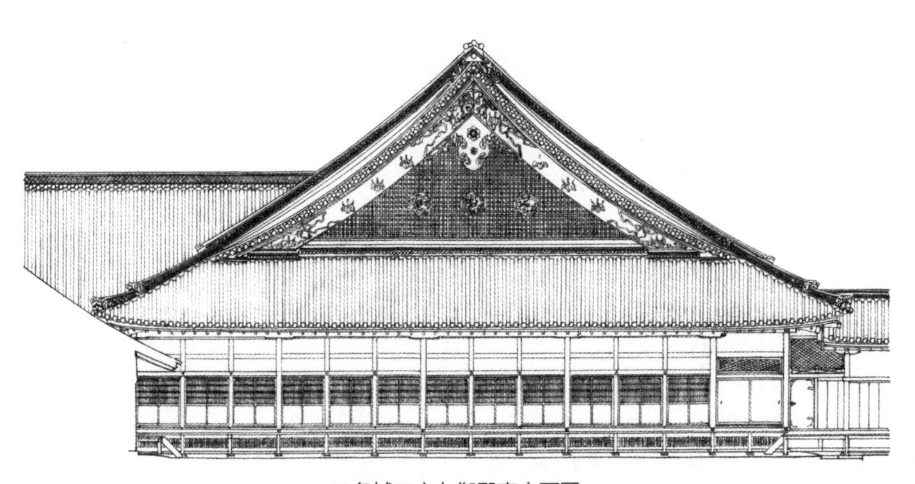

二条城二之丸御殿南立面图

译者注

[32]山面：古建筑的侧面。

[33]对面所：日本武士住宅中专门用于进行“对面”仪式的房间。“对面”是指武士与下属确立从属关系的仪式。

【数寄屋风书院建筑】

# 桂离宫御殿群：

## 摒弃了等级与规则自由创作的细部

## 数寄屋风书院建筑的杰作

京都，桂川西岸，八条通与桂川相交的路口是桂离宫前公交站，从车站一路沿着名为“桂垣”的弯曲竹垣渐转向北，即来到了桂离宫正门前。

桂离宫是江户时代初期皇族八条宫家的智仁、智忠、隐仁亲王三代陆续修建而成的。宽文三年（1663）为迎接后水尾上皇巡幸建造完成。明治十六年（1883）以后移交宫内省（现在的宫内厅）管理，才开始被称作“桂离宫”。昭和五十一年（1976）实施了“昭和大修”，是创建以来的首次落架大修，以这次修缮为契机，诸多史实得以判明。

参观桂离宫需要事先向宫内厅提出申请。作为承载江户时代王朝风文化的数寄屋风书院建筑的杰作，桂离宫非常值得一看。

要点

# 摒弃了等级与规则的数寄屋

战国时代末期到江户时代初期，城郭和城下町的建设大潮此起彼伏，战乱中损毁的宗教建筑也迎来了复兴的黄金时代，为了追求建造效率，被称为“木矩”“木割”的建筑规格化设计施工方法得到了长足的发展。各地的大木匠根据自己流派的设计施工法整理出了许多“秘诀”，其中流传至今极富盛名的作品为《匠明》，由和歌山大木匠、后来成为江户幕府木匠统领的平之内政信所著。

在这种追求效率的主流趋势下，上层贵族和文人之间开始出现逆反的潮流，即摒弃书院建筑推崇的等级、装饰、左右对称的布局、规格化的建筑等，转而追求更具精神性、朴素但凝练的设计，可以说开始“任性”地建造住宅，这种住宅形式即被称为“数寄屋”。然而，虽然看似“任性”，但绝非无序。根植于高层次的教养和渊博的知识中，在继承传统的基础上重视自由和创造性，才是数寄屋建筑的思想精髓。

数寄屋，从广义上来讲包括一切茶室和庭园内的茶屋，古时也曾把茶屋直呼作数寄屋。狭义上，数寄屋特指桂离宫书院群、修学院离宫寿月观、本愿寺黑书院、园城寺光净院客殿这类建筑，与茶室、茶屋有所区别。现在人们更倾向于使用狭义的解释，然而概念上终归有些模糊。

茶屋实例（水无濑神宫灯心亭）

## ●茶屋实例（桂离宫松琴亭）

广义的数寄屋也包含茶屋，古时曾有把茶屋称作数寄屋的情况，但现在更倾向于将二者区别开来。

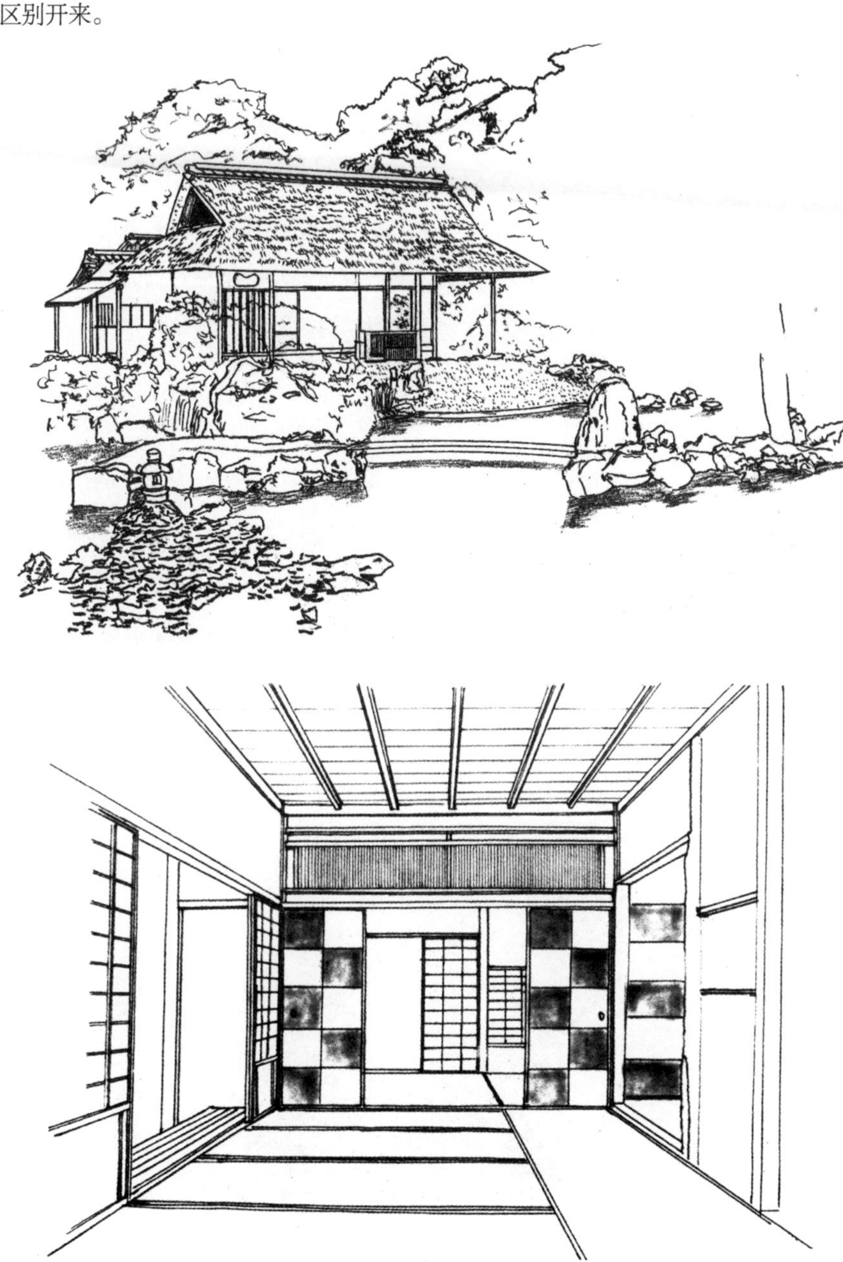

市松纹样（棋盘纹）的纸扇门（桂离宫松琴亭）

看点 1

# 按时代顺序数寄屋要素逐渐增强的三座书院

桂离宫御殿群被称为“数寄屋风书院建筑”，由古书院、中书院、乐器间、新御殿呈雁阵形顺次加建，最终形成了现在的规模，据说是为了从室内更好地观赏庭园而采用了这样的建造顺序。从古书院到新御殿，可以看到随着时代发展，数寄屋的要素逐渐突显出来。

古书院又被称为“瓜田里的轻茶屋”，是旧有书院建筑风格留存最多的建筑。虽然柱子没有用高级的桧木，而换作了松木、杉木等朴素的材料，但柱身仍为方柱，隔扇的把手都为椭圆钱币形，钉头用传统的六叶型金属件遮盖，栏间部位使用了竖向细密的箴栏间，可以说设计上并未有质的飞跃。

中书院是宽永十八年(1641)为庆祝二代亲王智忠大婚而加建的。柱子使用杉木的“面皮柱”（柱身四角留下未去净的树皮），似有一番草庵风的趣味。中书院是在贵族住宅中使用面皮柱的首例。一之间和二之间的分界处安装有木瓜形的窗户（木瓜缘胁壁）。

乐器间和新御殿，是智忠亲王在万治二年（1659）之后加建的，使用了杉木原木作为柱子。月字形纹样的栏间、右图中各式把手、钉头、装饰金属件因式样之丰富、构思之精巧而闻名。

在御殿群建筑中（特别是中书院的一部分和新御殿），可以见到为了防止杉木柱开裂而在柱身一侧事先锯开一条缝的“背割”技法，以及在彩绘颜料中加入紫苏油和松烟以防止上色不均，并兼有防虫防腐的效果。

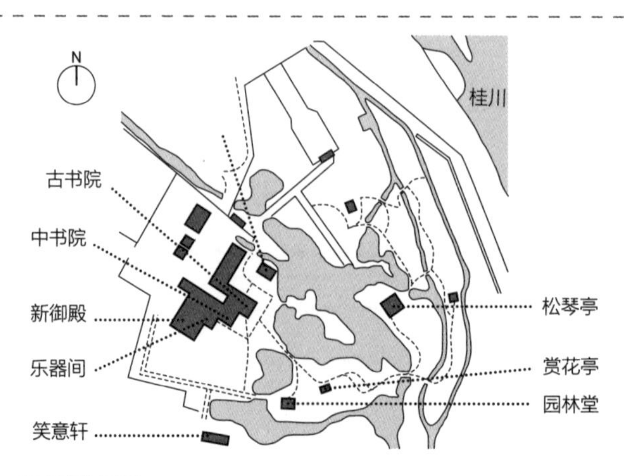


桂离宫布局图

## ●桂离宫新御殿、乐器之间、中书院

时代越晚，数寄屋的特征越强。

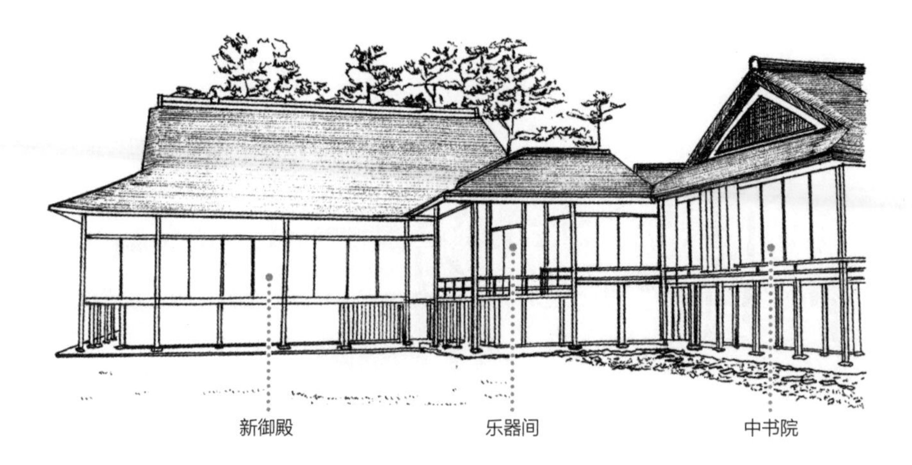


## ●桂离宫的细部

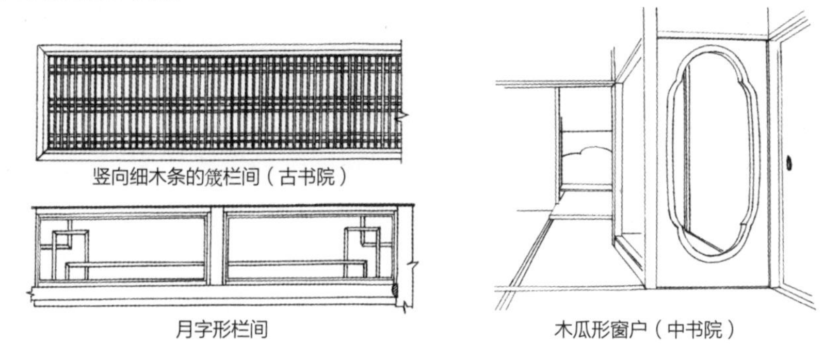


## ●桂离宫新御殿的把手、钉头和装饰金属件

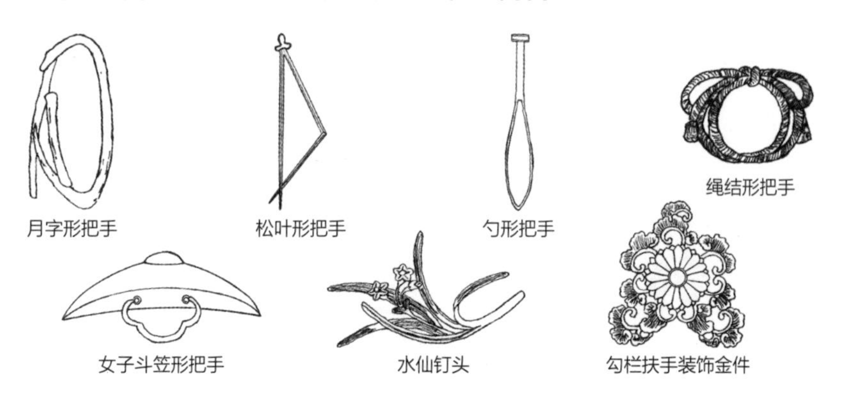

看点 2

# 天下三棚——桂棚、霞棚、醍醐棚

桂离宫新御殿的“违棚”别称为“桂棚”，与修学院离宫客殿的“霞棚”、醍醐寺三宝院的“醍醐棚”齐名，并称“天下三棚”。下面就来看一看他们各自的特征及三者的差异。

桂离宫新御殿“一之间”的上段，在“附书院”中使用了一扇上方为弧形类似梳子的“栉形窗”，书架中设有“袋棚”（带推拉门的柜子）和“地袋”（最下方的柜子），这些细部共同构成了十分具有立体感的“桂棚”。

桂棚中使用了黑檀、紫檀、伽罗、铁刀木等，共计 18 种进口高级木料（唐木），极尽奢华，地袋上的山水图是狩野探幽亲笔所作。值得一提的是，“一之间”背面的“御化妆之间”的书架为直线风格，又被称为“里桂棚”。

“霞棚”在修学院离宫的御茶屋客殿“一之间”中，错落的隔板看上去就像闲卧天边的晚霞，因而得名。客殿是后水尾天皇的妃子东福门院的宫殿移建而来，地袋上的绘画、羽子板形的把手等细部设计，都给人华美的印象。

醍醐寺三宝院宸殿的“醍醐棚”，乍看之下十分简洁，然而，事实上隔板与墙壁之间留有空隙，只在两端与侧板连接，书架全部的重量只靠中央一根柱子支撑。

醍醐棚（醍醐寺）

## ●天下三棚

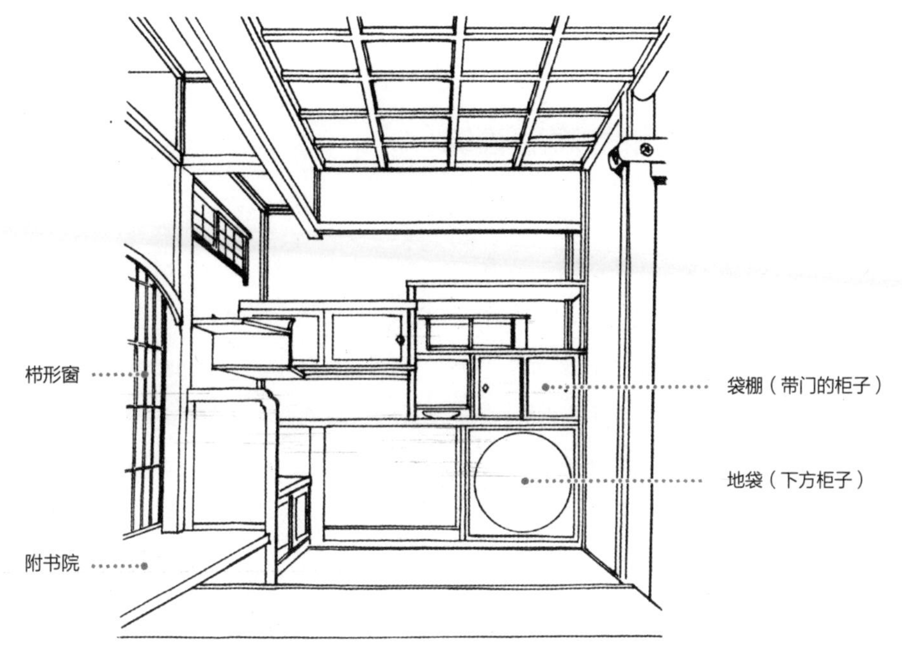


桂棚（桂离宫）

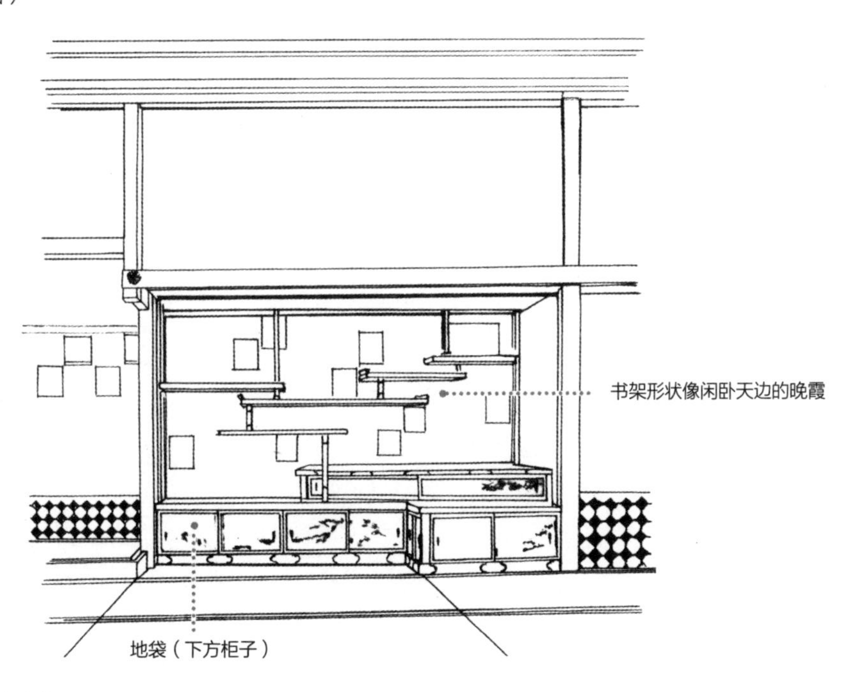


霞棚（修学院离宫）

## ◆修学院离宫的数寄屋建筑

与桂离宫齐名，可谓数寄屋建筑代表作的还有修学院离宫。修学院离宫作为后水尾天皇的离宫于17世纪中叶建造而成，由下御茶屋、中御茶屋、上御茶屋三处庭园构成。

下御茶屋的寿月观本是后水尾天皇时代的建筑，文政七年（1824）光格天皇巡幸时重建。寿月观的L形平面独具特色，“一之间”中有三叠面积的上段部分，柱子使用杉木面皮柱，长押为杉木原木，墙壁涂以有颜色的泥，是典型的数寄屋建筑。

中御茶屋的客殿是从德川秀忠的女儿、后水尾天皇的妃子东福门院的宫殿中，将“奥对面所”移建而来的建筑，“一之间”中的“违棚”如前所述为“天下三棚”之一。

上御茶屋建造在浴龙池中心的小岛上，是一座屋面铺设薄木板的攒尖顶茶亭建筑，也是现存的由后水尾天皇创建的唯一一座建筑（虽然经过了大幅改修）。内部只有一个房间，不做任何隔断，可以分为六叠面积的L形上段之间，和十三叠面积的下段之间。没有床之间、书架等装饰，使用面皮柱，是一座朴素的数寄屋风建筑。

修学院离宫下御茶屋寿月观

【茶室】

# 曼殊院小书院、八窗轩茶室：

## 传承数寄屋精神的典型茶室建筑

## 典型的茶室建筑

乘坐穿行于京都东北部的叡山电车至修学院站下车，向东行进经过鹭森神社就可以看到曼殊院门迹了。

曼殊院为天台宗五箇室门迹之一（“门迹”指皇室、贵族担任住持的寺院）。相传在建造桂离宫的八条宫智仁亲王的胞弟良尚亲王一代时，迁到了现在北白川一乘寺地区。

从其建造缘起就不难猜到，曼殊院受到了成就桂离宫的江户时代初期文化的影响，因此曼殊院又被称作“小桂离宫”。

曼殊院建筑最精彩之处在于小书院附带的名为“八窗轩”的茶室。“八窗轩”因为有八扇窗表现释迦一生的“八相成道”而得名，名列京都三大名席之一，是一座典型茶室建筑，被认定为重要文化遗产。

要点

# 以自由之精神营造茶的空间

奈良时代，砖茶就已经从中国传入了日本，当时的人们切茶取饮，与其说是一种风雅嗜好倒不如说把茶当做药品。停止派遣遣唐使后，茶一度被人们遗忘，直至镰仓时代禅僧荣西将茶树种子带回日本，京都高山寺的明惠上人将其撒在后山开始进行培育，是为日本种茶的起源。由于禅宗禁止饮酒，僧人们与人交谈时习惯喝茶，渐渐地俗人之间也悄然兴起喝茶的风气。室町时代，权贵之间时兴起一边喝茶一边炫耀自己的收藏品的风气，上流社会开始举行豪华的茶会。与这种奢靡风气相对抗的，就是倡导以数寄屋精神饮茶的村田珠光、武野绍鸥和千利休等人。

茶室基本为四畳半大小，更大一些的称为广间、更小一些的称小间。之所以以四畳半的大小作为茶室，据传是在园城寺光净院客殿的十八畳房间中分隔出了四分之一作为最初的茶室。从茶室的“围”这一别称来看，也许这一说法是真的。根据记载，武野绍鸥的四畳半茶室，以及利休的东大寺四圣坊和聚乐屋敷的四畳半茶室都流传了下来，其中聚乐屋敷的四畳半现在作为里千家的茶室“又隐”，被原封不动传承下来。利休设计了许多小型茶室，例如里千家今日庵甚至仅有一畳大小。古田织部和织田有乐斋则设计了稍大的三畳茶室，随后的小堀远州设计了四畳半乃至十二畳的茶室，并尝试将其与书院融合。不得不说的是，茶室保持其自由的精神，也不过到 17 世纪末为止，其后因为茶道门派制度的盛行茶室建筑也渐趋僵化。

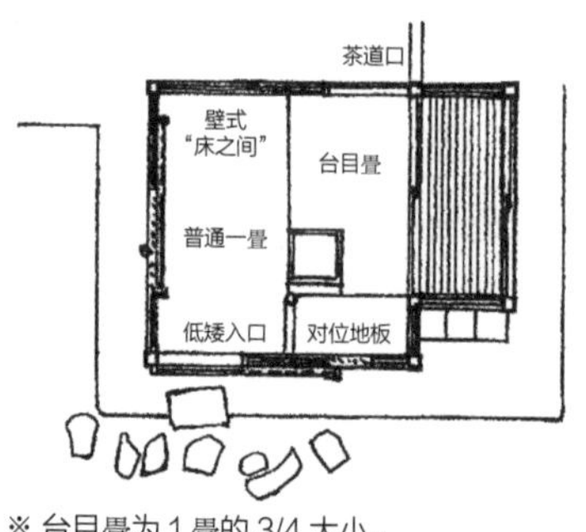


※ 台目畳为 1 畳的 3/4 大小。
今日庵为“一畳台目向板”的茶室构成形式。

里千家今日庵

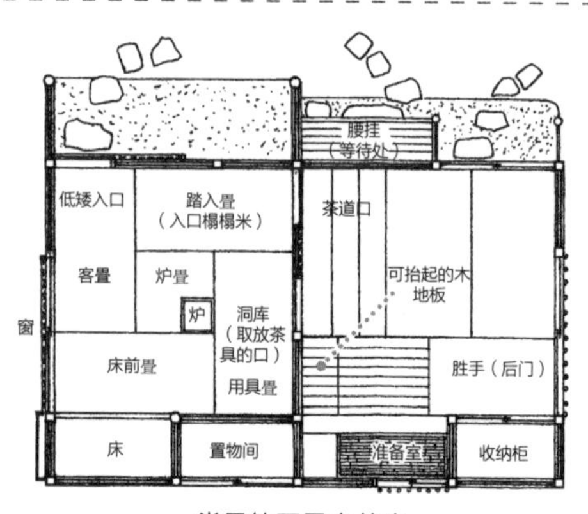


常见的四畳半茶席

## ●茶室基本为四叠半大小

在十八叠的房间中分隔出 1/4 的大小，被认为是“四叠半”的起源。

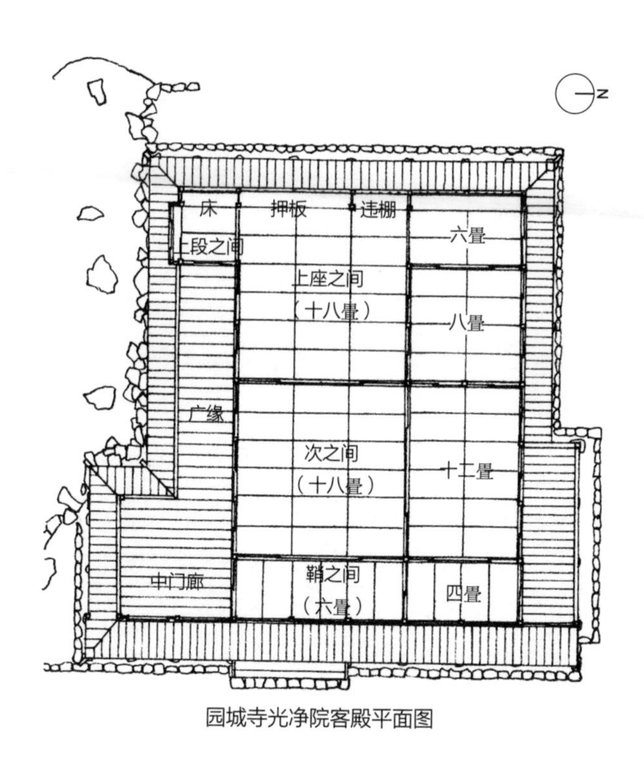


园城寺光净院客殿平面图

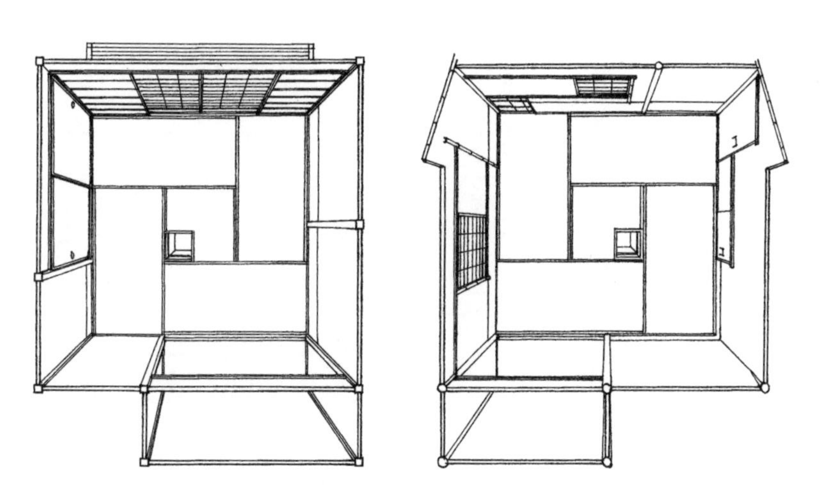

东大寺四圣坊千利休设计的四叠半茶室复原图（左）和又隐茶室（右）

看点 1

# 被称为“小桂离宫”的住宅

曼殊院可以分为库里区域、玄关区域、本堂（大书院）区域、小书院区域和茶室，可依次进行游览。

库里内部由两间裸土地面、两间木地板和一间半榻榻米构成，榻榻米的上方设有一间被称为“厨子”的房间，除了被厨子的地板覆盖的区域，整间库里都不设天花板，能够直接看到草屋架，所以可以很清楚地观察装饰用椽子和桔木等构件细部。

穿过库里继续向前就来到了大玄关，其中“竹之间”供奉不动明王、“虎之间”的纸门上绘有竹子和虎豹、“孔雀之间”则绘有松树和寓意人的一生的孔雀的形象。曼殊院又被称为“竹门迹”，是因“竹之间”纸门上竹和云的绘画而得名的。

从孔雀之间出来向南，经过走廊就来到了本堂（大书院）的“准备间”。本堂的“泷之间”和“十雪之间”里，相传出自狩野探之笔的床之间背板，以及卍字纹的栏间、十瓣菊花与矩形构图的钉头、花鸟画、书架上下装饰着金边的柜子等，据曼殊院的说法，都是与桂离宫采用同样材料、同款样式同时制作的。沿着“缘”的通道可以走到小书院，小书院缘板的勾栏，与其他地方的勾栏都不同，在扶手下面安装有镂空出“格狭间”纹样的隔板。

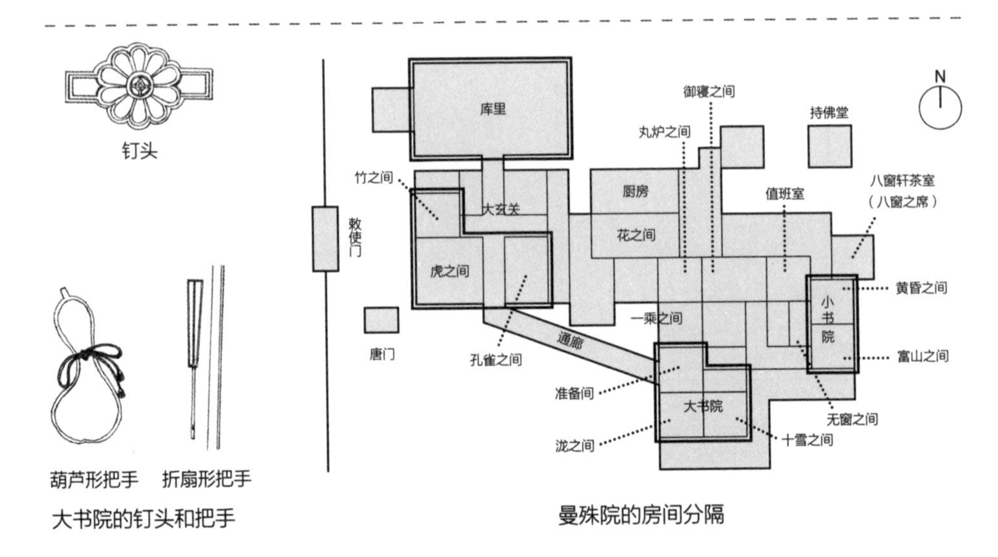


大书院的钉头和把手

曼殊院的房间分隔

## ●处处体现数寄精神的内部装修

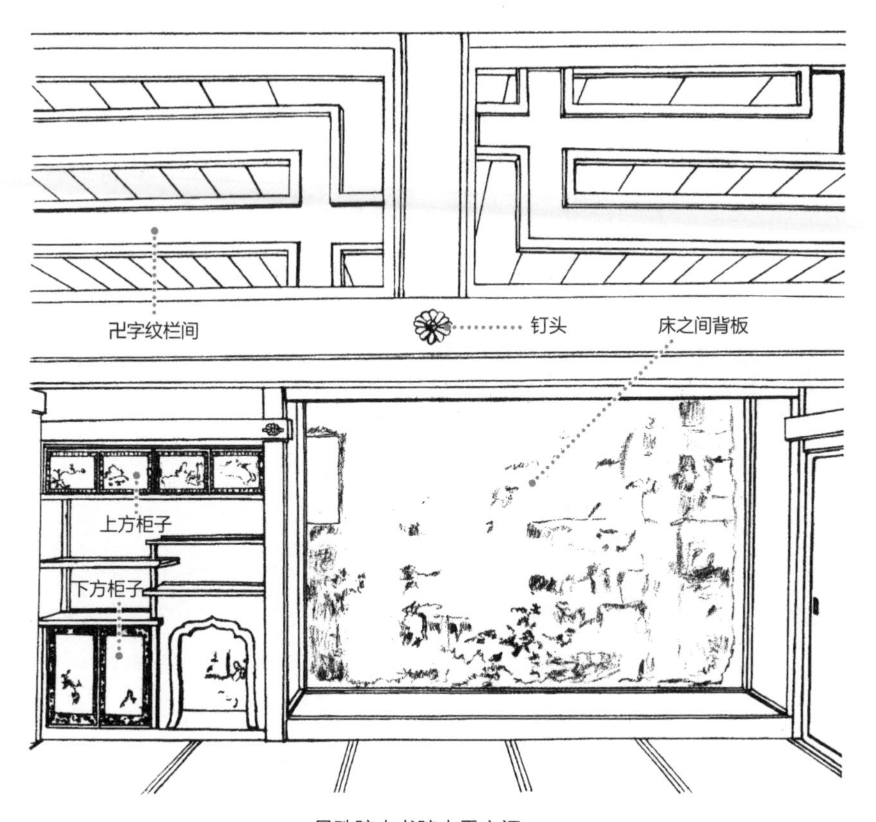


曼殊院大书院十雪之间

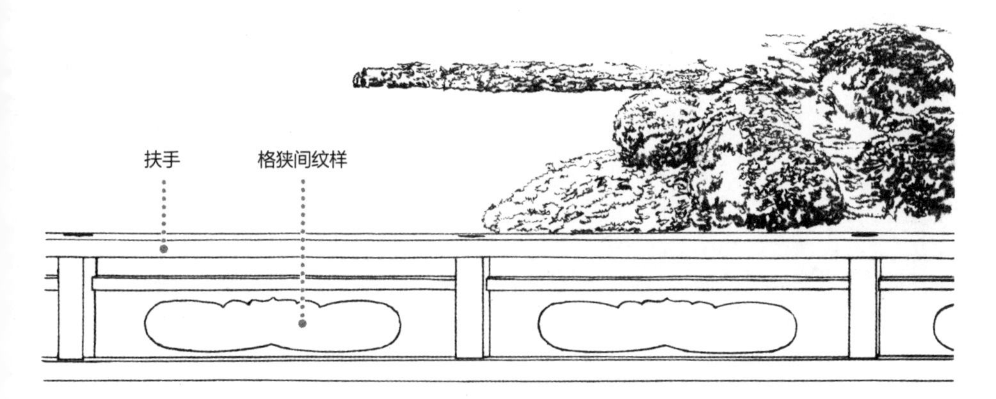


小书院缘的勾栏

看点 2

# 小书院和八窗轩茶室的细部

小书院是一座五间 × 六间规模的建筑，主要由八叠的“富士之间”和七叠的“黄昏之间”构成。“富士之间”的长押钉头制成富士山的形状，“富士之间”与“黄昏之间”的分隔栏间上装饰着透雕的菊花。“黄昏之间”正面北侧为设有床和花头窗的附书院，左侧则是被称为曼殊院棚的书架。从这些装饰中都能够看出来自桂离宫新御殿的影响之深。

富士之间西侧有一间仅一叠大小的茶室，名为“无窗之席”。右侧带有可以取放茶具的柜式架子，左侧的床并非很高级而是枫木板制成的附床（置床），床的拐角处设置了一根带宝珠的覆莲柱。

黄昏之间北侧即是八窗轩茶室（八窗之席），薄木板作屋顶（主屋屋顶延长作为茶室屋顶），大小为三叠台目（三叠 + 一张通常榻榻米尺寸 3/4 大小的台目叠）。与桂离宫的松琴亭有相似之处。进入这间茶室首先就会注意到天花板比其他茶室更高，设计了天窗所以室内十分明亮。天花板东侧部分铺设装饰用椽子，西侧使用平天花板，从床的前面一直延伸到主人点茶的点前座（一般而言，茶室中点前座的天花板会比客座低一些，被称作“落天井”）。

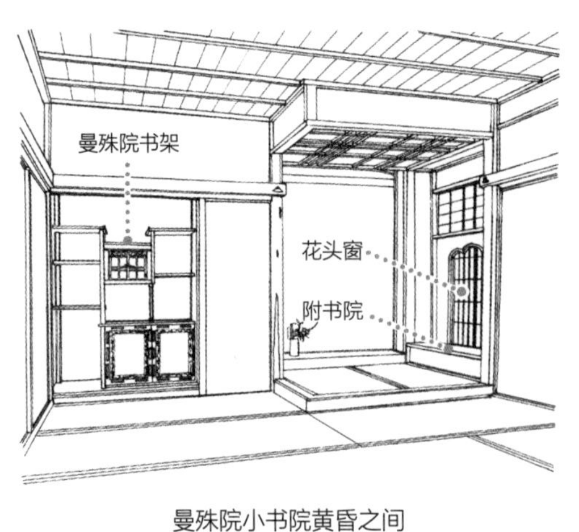


曼殊院小书院黄昏之间

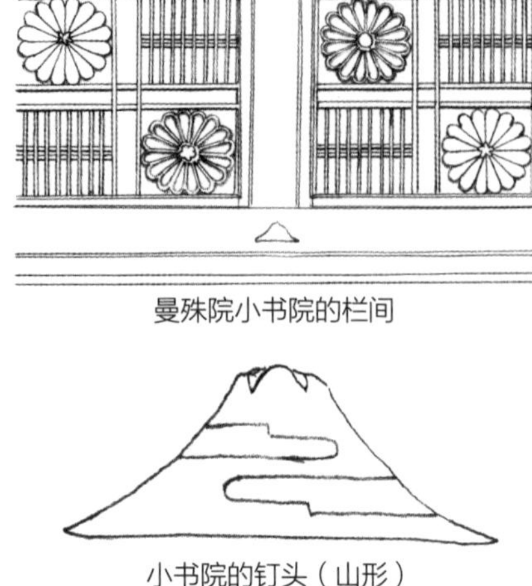

曼殊院小书院的栏间

小书院的钉头（山形）

# ●典型的茶室建筑

因寓意“八相成道”的八面窗户而得名“八窗轩”。

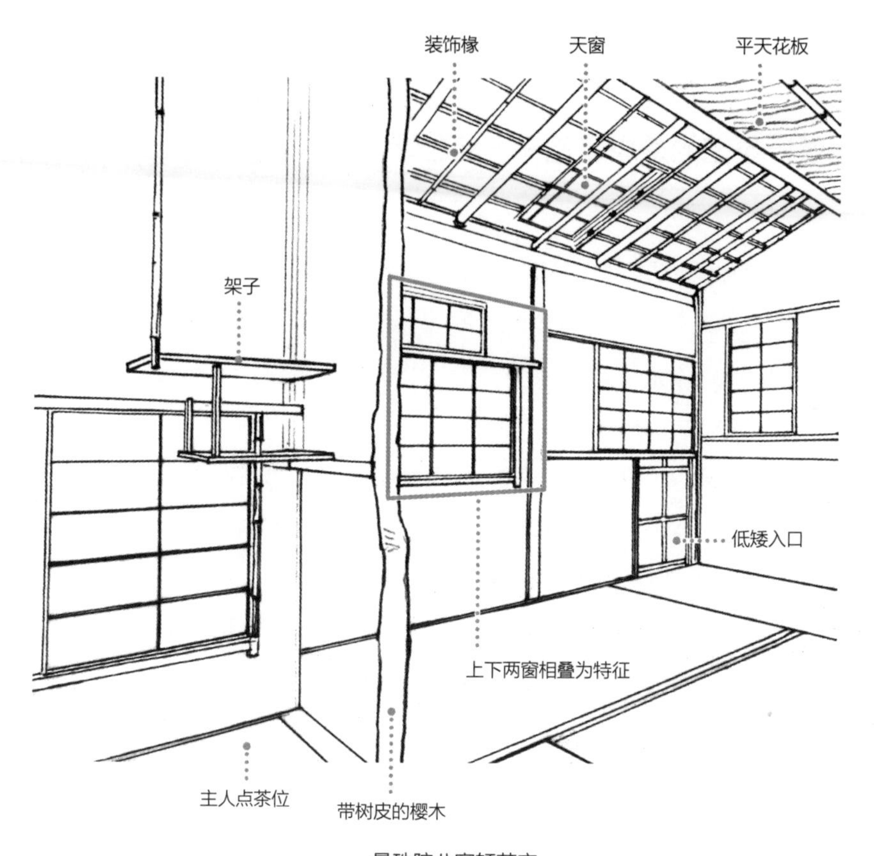


曼殊院八窗轩茶室

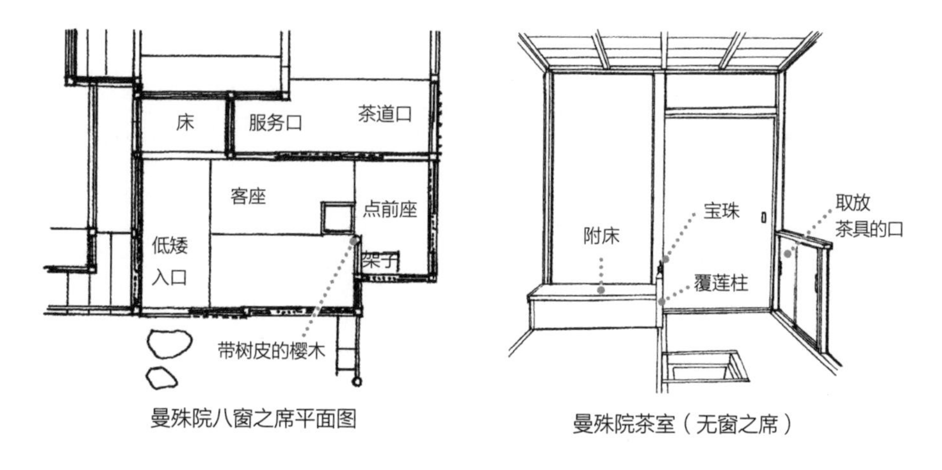


曼殊院八窗之席平面图

曼殊院茶室（无窗之席）

## ◆游乐氛围的茶屋建筑——高台寺伞亭、时雨亭

高台寺是丰臣秀吉去世后，妻子北政所为其祈福而建造的，其中的伞亭和时雨亭据传都是利休推崇的茶亭。伞亭初创时名为“安闲窟”，现在这一块匾依然挂在伞亭。后来为了与时雨亭相呼应，才改名为伞亭。昭和十五、十六年（1940—1941）修缮时，发现主体结构基本完成于江户初期，江户中期时修补并更改了一些细部。

伞亭和时雨亭南北排列，伞亭为攒尖顶单层建筑，从内部仰望天花板可以看到放射状的竹椽，就像伞骨一样。同时，使用大面积的竹制方格窗，使得整个空间获得了开放感。相对的时雨亭则是一座双层歇山顶的简洁的凉台，可以在二层一边眺望风景一边品茗。从裸土地面的廊子可以直接从带扶手的台阶登上二层。

类似伞亭、时雨亭这样的建筑被称为茶屋，也是数寄屋的一种。茶屋与茶室的不同之处在于游乐氛围更加浓厚，空间更加开敞。桂离宫的松琴亭、笑意轩等都属于茶屋建筑。

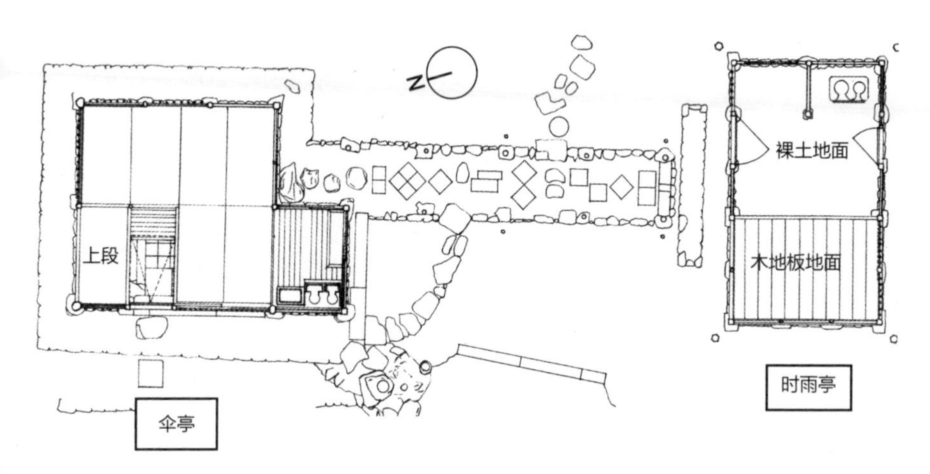


一层平面图

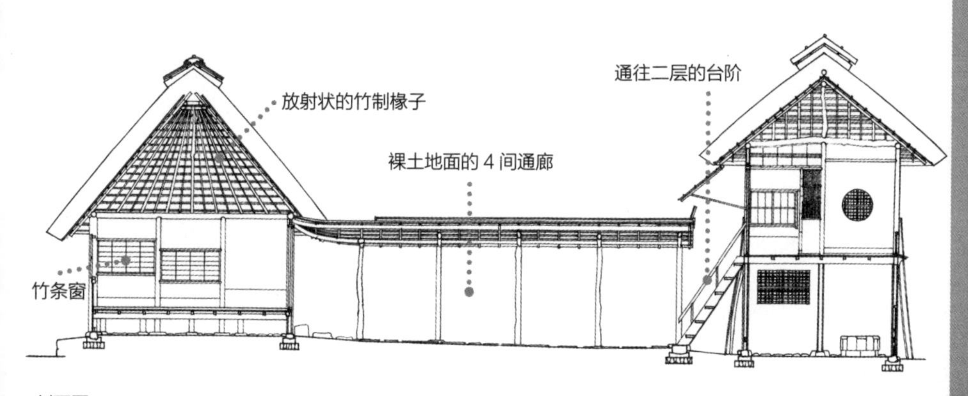


剖面图

高台寺伞亭和时雨亭

# 后记

本书是基于学艺出版社于 2011 年至 2014 年间组织的“古建筑的看点在这里！”系列参观的内容而写成的。共计 20 场的参观，以“历史现形”为主题，主要针对寺院建筑和神社建筑，按照时代顺序，实地参观代表该时代特征的建筑。每次参观人数为 30~40 人，也有许多非建筑专业的参观者。参观时，分发的绘图资料得到了许多人的关注，因而笔者重绘了大部分插图，最终促成了本书的出版。

本书选取的建筑大多位于近畿地区，原因首先是近畿地区长时间作为日本文化的中心地域，另一方面也因为参观人员多数来自近畿地区（当然也有从东京等地赶来参加的朋友）。同时，散落在日本各地的，对于理解这些“看点”无法或缺的重要建筑，本书也在适宜的部分进行了举例说明。

绘制这些插图时，偶尔也会生出“这些工作能有什么意义”的困惑，这时候就说服自己“对于世间来说总有意义”，坚持画下去。参观者拿到插图时的欣喜表情是对我莫大的激励。

在坚持绘制这些插图的过程中，也有不少惊喜的发现，我自身也收获颇丰。

建筑的结构形式多种多样，日本传统建筑仅使用了其中的一种，就是木结构。木结构由梁柱体系构成，随着时代发展，其设计思想和结构技术的不断更新均具有重要的意义，而体会这种依托历史的艺术性，对于我们的时代而言十分有价值。

本书的出版，有赖各界学者、前辈的不吝赐教，在此表达谢意。学艺出版社编辑部的永井美保、森国洋行、真下享子、岩崎健一郎各位同仁，从组织参观会到书稿的编辑，均付出了许多辛劳，特此深表谢意。最后，对给予我理解的两个儿子，和对终日沉默绘图的我并无怨言，并提供了许多支持的妻子悦子，向他们道一声感谢。

妻木靖延